認知紅利

一個人，一群人，一個組織

The Gift of Cognitive Economy

From Individuals To Organizations

盧希鵬 | 鄒仁淳 著

跳脫管理框架的第一性原理

什麼是管理？是經驗，還是原理？當然，只有小孩子回答選擇題，這兩個答案都是對的。

經驗學派多半強調成功個案，也就是別人怎麼做，我就怎麼做。過去怎麼做，我未來也就這麼做。如果未來跟過去一樣，別人也跟自己一樣，這不失是一種好方法。但是，如果未來跟過去不一樣，別人也跟自己不同呢？環境在變，過去的成功管理經驗，可能是未來管理失敗的主因。別人的管理方法可能也不適合自己。經驗，往往帶來轉型時的盲點。

舉例來說，工業時代（X世代）的管理方式，與網路時代（Z世代）的管理方式是不一樣的。因為底層假設變了，所以在工業時代的做法，不見得適合在網路時代。在製造業的做法也不見得適合在服務業。所以，場景轉變，經驗可能也是錯的。

原理學派認為，真正的管理，要看到本質，也就是無論世界怎麼變，有些管理的本質是不會變的，而這些不變的本質，就是管理理論。但不同時代（或場景）會有不同的第一

性原理，也就是在不同時代假設下適用的基礎理論。舉例來說，網路時代跟工業時代管理的第一性原理是不一樣的。工業時代是控制效率的「他組織」，強調控制；網路時代是生態演化的「自組織」，強調物種間的互動，從一個人，一群人，到一個組織，乃至於組織與組織間，組織與環境間，組織與產業間的互動。我在 2011 年出版了一本書，書名是《為什麼不能控制我的狗：突破思考框架的 14 堂管理課》。當時我寫了 42 個管理理論，前半部在談組織內的互動，後半部談組織外的互動。

十多年後，我認為這本書是需要更新了，就邀請了鄒仁淳博士與我一起先改寫前面的 18 個理論。鄒博士從碩士班時代就跟著我做研究，一路上經歷博士班，博士後研究，並共同指導研究生，共同在研究所與 EMBA 中與我和羅天一教授一起授課，擔任我許多產學合作案的共同主持人。她目前也是管顧公司的負責人，在學理與實務上，都有良好的經歷。

這本書的出版，希望能夠幫助當今管理者認識管理的本質，從本質出發，跳脫經驗框架，發展出數位轉型新時代下的新管理方法論，希望你喜歡。

台灣科技大學資訊管理系 專任特聘教授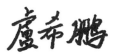

「理論」經得起修正與革新

　　從碩士、博士、博士後研究，我跟著盧老師學習，後來與老師在台科大合開課程，甚至合作各種專案，與老師學習與合作的日子已超過 20 年，我自認對於老師的管理哲學思維應可掌握幾分精神。2022 年底老師找我一同改寫這本書，我便開心接受老師的邀請。

　　我一直喜歡觀察大中小企業裡管理者與員工的處事態度與思考模式，覺得從不同角色分析各自對企業決策的觀點特別有意思。我也發現到，身為工作者無論是自己創業或是在一般企業上班，如果工作者本身抱持著利他開放的態度做事，通常比較會讓自己樂在工作。

　　基於自己喜歡觀察分析，也喜歡記錄寫作的習慣，這本書正好給我一個累積這份習慣的機會。我非常感恩能參與改寫著作本書，這本書每一章我們都用一個小故事來闡述每一章的理論重點，一來這是記錄自己長期以來的觀察，二來希望透過故事讓讀者能產生連結且加深印象。

其實「理論」是過去學者根據自身長期的觀察與假設驗證所推導出來的一般性總結，所以理論本身是經過多次且長期的科學驗證而產生的，非常經得起淬煉。然而時代與科技改變，過往的理論也須經過修正與革新，過去我們深信不疑的觀念放到現在來看，未必就是正確的。而過去不好的事情放到現在來看，不一定就是不好的。這就是本書倡導的基礎精神。

　　在著作本書的過程中，我反覆思量本書所提到的理論，本書雖是以企業組織管理為基底發展的理論書籍，但就各個理論本質而言，是完全可以套用於我們生活的各種情境中，大至企業小到家庭個人都可適用。我讓自己以開放歡喜的心與老師共同完成這本書，因此我樂在著作的過程中，更感恩於過程中的收穫。

　　謝謝家人朋友們一直當我的聽眾，尤其是我兩個可愛又有主見的寶貝。本書是啟發個人認知思維的開端，若你讀完本書後有什麼啟發，歡迎分享。

莫尼科技 執行長
中華幸福企業快樂人協會 理事長

目錄

CONTENTS

作者序　跳脫管理框架的第一性原理 / 盧希鵬　　　　　2

作者序　「理論」經得起修正與革新 / 鄒仁淳　　　　　4

PART 1　認知與決策

1. 談認知：當選擇太多時　　　　　　　　　12
2. 談直覺：非理性的判斷　　　　　　　　　24
3. 談認知風格：一樣米養百樣人　　　　　　38
4. 談決策：人與猴子的差別　　　　　　　　51
5. 談衡量：量化的陷阱　　　　　　　　　　65
6. 談主觀：得失之間的主觀價值　　　　　　81

PART 2　說服與影響力

7. 談說故事：求真還是求美？　　　　　　　100
8. 談說服：「思辨可能模式」更有效　　　　114
9. 談印象管理：做什麼要像什麼　　　　　　129
10. 談領導：經理人 vs. 領導人　　　　　　　146
11. 談媒體依賴：影響力怎麼來？　　　　　　162
12. 談知溝：知識分享擴大知識鴻溝　　　　　177

PART 3　群體、敏捷與人性管理

13. 談社會資本：社群該如何運作　　　　　　196
14. 談群體影響：多數就是好的嗎？　　　　　213
15. 談群體合作：有看到合作紅利嗎？　　　　228
16. 談社會選擇：民主不一定是多數　　　　　243
17. 談敏捷精神：站在變動的肩上　　　　　　254
18. 談人性管理：幸福是根本之道　　　　　　274

結論　　　　　　　　　　　　　　　　　　286

1

認知與決策

- 人有限的認知,往往依靠直覺判斷,
  各種認知風格,造就各種決策。

- 有限的認知容易落入偏誤陷阱,看懂
  主觀機率與價值可規避風險。

1 談認知：
當選擇太多時
· 認知理論
· 注意力資源理論

2 談直覺：
非理性的判斷
· 自然決策
· 捷思法和偏誤

3 談認知風格：
一樣米養百樣人
· 認知風格類型
· 自我調節

4 談決策：
人與猴子的差別
· 決策風格
· 最佳解與滿意解

5 談衡量：
量化的陷阱
· 衡量尺度
· 顯性與隱性陷阱

6 談主觀：
機率與價值
· 主觀機率
· 主觀價值

　　人的認知是有限的，即使再聰明的人在有限的時間內，他（她）的注意力也只能在有限的範圍內，只是這個範圍有大小區分而已。你曾感受過自己有選擇障礙嗎？當你要購屋時，你是那種做足功課看了 100 個物件仍然沒有出手下斡旋的人；或是你是那種看屋全憑直覺感受的人，感覺對了就願意下斡旋？這一篇的重點，我們想談的是不同的人有不同的認知，一個人在不同認知狀態下也會給予不同的決策風格。

　　假如某天你看到自己的大老闆做決策全靠直覺時，請別抱持質疑挑戰的心，往往這種直覺式的自然決策法背後，隱藏著多年的實戰經驗累積，只是他沒說所以你不知道而已。

　　在當今訊息爆炸的時代，也請不要苛求自己過於完美主義、凡事非得做足功課才有辦法做決定，當然在每個

決策過程中，因為認知有限就會容易落入決策偏誤的陷阱中，但是天下沒有完美的最佳決策。多數的人生問題與企業決策都是無法重複的，每個人對於得與失之間的價值衡量也不同。你必須試著在自己有限的時間與資訊中，改為追求「滿意解」就好，而這個「滿意解」是你看清決策偏誤，避開決策時的顯性與隱性陷阱後所做的決定。此外，這個解答對你而言是「滿意解」，對其他人來說並非全是如此，因為決策過程的參考錨點也是你自己定義出來的。

請記得，人生本就是一條時間隧道，當你遲遲無法做決定的同時，別以為自己只是還在考慮階段，其實你已經在做決定了。你做的決定就是先不決定，如此而已！

本篇共有六章相關的認知決策理論談論上述意涵，希望受用。

1 / 談認知：當選擇太多時

人的注意力是有限的，當選擇沒有設定範圍時，保證永遠找不到適合自己的產品。

　　如果你是一位認真的職場工作者，打拚了幾年後開始考慮想要在北部買房子，到底是買在新北的板橋好？還是台北的士林好？當自己好不容易決定要買新莊地區的房子時，又該怎麼在眾多的待售物件中挑選適合自己的房屋？聰明的房屋業者知道買方選擇困難的痛苦，透過網路科技打造各種方便篩選過濾物件的工具平台讓買方自己設定購屋條件，這就解決了「選擇太多」的難題。

　　某一回小尼期末考考了第一名，媽媽給她的獎勵是可以到她喜歡的文具店買 500 元以內的東西，孩子在文具店裡來回逛了超過 30 分鐘，最後花 30 元買了兩支原子筆。媽媽問她是不是沒有看到喜歡的東西？她說：「不是，很多東西都

　　　　　認知紅利 ｜一個人、一群人、一個組織｜

很喜歡，只是想一想覺得自己都已經有了，沒有特別需要再買了。」傳統文具店的商品陳列琳瑯滿目，消費者進店之後看什麼東西都喜歡，但卻因為眼前的選擇太多，最後理智告訴自己其實什麼都不需要。

這些年我們開始發現網際網路與數位內容的多樣性帶給人們很大的資訊焦慮，因為精采的網站內容與商品越來越多了，多到沒有時間去瀏覽；或者，更貼切一點的說法是，即使瀏覽了也看不完；而縱使看完了，印象也不夠深刻到忘不了它，到頭來有瀏覽等於沒瀏覽，因為記下來的內容實在少之又少。

■認知理論

人類的世界充滿了選擇

有限的時間內 → 人所注意到的 → 人可記憶到的 → 進行選擇 → 人所認知到的世界

· 現代人最寶貴的資源不再是精采內容本身，而是「**1. 消費者有限的時間、2. 分散的注意力、以及 3. 健忘的記憶力**」。

人們的認知往往受限於消費者有限的時間、分散的注意力、以及健忘的記憶力

　　常有人說現代人一週接觸的資訊量，可能比古代人一輩子接觸的資訊量都還要多。古代人送信件靠馬匹，再快的千里馬也需要休息，等待一個簡短的訊息來回的時間動不動就好幾個月。現代人透過網路一秒以內訊息發送全世界，也就是每秒都有最新的資訊出現在地球上，這意味著網路世代最寶貴的資源不再是精采內容本身，而是 **1. 消費者有限的時間、2. 分散的注意力、以及 3. 健忘的記憶力。**

　　1. 消費者有限的時間： 前些年心理學家李察‧韋斯曼（Richard Wiseman）發現，現代人比 10 年前的人走路速度快了 10%。這意味著現代人在工作生活上事事講求「效率」，時時刻刻都被一堆行程塞滿，造成連帶吃飯走路的速度都比以前的人要快上許多。你是否曾經發現自己只要一遇上道路塞車，或者是開車時前方那台車子用烏龜的速度前進時，不自覺的內心會浮現焦躁不安甚至不耐煩或生氣的情緒？好吧，我先自首承認！但我們不用太過自責於自己的脾氣不好，因為這種現象在現代人越來越多人都有，我們稱它叫做「車道憤怒」（Road Rage），一遇到上述的狀況就想按喇

叭或超車。

這種狀況延伸到網路上，拜雲端運算科技之賜，我們等待網頁開啟的容忍時間從 2006 年的 4 秒鐘，縮減到至今的 0.25 秒以下。簡單來說，如果一個網站的網頁開啟時間讓我們等待超過 0.25 秒，大多數的我們就會選擇放棄不等了，這種現象我們稱它為「網怒」（Internet Rage）。我們談到的「消費者有限的時間」，不是古代人一天有 48 小時、現代人一天只有 24 小時，而是如今隨時隨地都充斥過多的資訊（overloading），讓人們因生活工作不自覺的壓力缺乏耐心不願等待，且無意間還可能產生了生活憤怒（Life Rage）。

2. 分散的注意力：什麼是注意力？指的是人們關注一件事情的時間長短與專注的程度，是一種在非主動意圖下挑選（selection）相關資訊以供大腦認知系統處理與判斷的心理歷程（process）。它也包含了意識與潛意識的歷程。根據湯瑪斯・戴文波特（Thomas H. Davenport）《注意力經濟學》（The Attention Economy）一書指出，注意力有三項特點 (1) 注意力是有機會成本的，比方說當人們看電影時，那段時間就沒有辦法上網。(2) 注意力是有上限的，一個人再努力的上網，一天也只有二十四個小時。(3) 注意力是有缺口的，

像是在等加油、等紅綠燈、或下載文件時注意力是閒置的，此時是許多廣告的接觸點（Touchpoint）。

　　所以經營者在發展產品或服務時，必先瞭解什麼是消費者注意力的認知過程，換句話說，如果一個產品或服務網站傳遞的內容不能快速吸引網友的注意力，便會有許多只來一次（once forever）的訪客，原因不是產品或服務本身設計的不精采，而是沒有根據網友的注意力的認知歷程來設計，導致網友回憶不起來，許多時候，關鍵成敗往往在於是否能精準的掌握消費者的注意力！因此近來關於注意力的理論較多注重於「有限注意力資源分配」的觀點。從注意力資源理論（Attention Resource Theory）來看，人們在同一個時間內能處理的外在資訊是有限的，即使是在一個以上的工作項目中也是如此，也就是人們的注意力資源可以被分配到使用不同特定感官的工作項目上（項目數量絕對是有限的），但如果涉及相同感官資源的運用就會產生干擾作用，導致工作出錯甚至造成危險。

　　例如：我們可以一邊聽輕音樂一邊閱讀書籍，但邊聽Podcast邊寫作文就有極大的困難，因為這兩者都牽涉到大腦語文的工作項目。人們在這樣可運作的分散注意力系統

下，企業往往會將這樣的特性作為行銷內容置入的切入點，但身為消費者的我們也請注意，如果在開車時自己的注意力被路旁電視牆廣告強烈吸引過去，就很有可能會發生交通事故了！

3. 健忘的記憶力：認知主義（Cognitivism）本質上是一種學習理論，是藉著瞭解人們如何思考，就可以理解人們大部分的行為，也就是訊息進入到人們的腦袋之後，是如何被吸收，加工處理與記憶，以及對外在做出回饋的過程。也就是從學習理論的角度來看，學習本身是一種內在認知心理過程，而這個過程中，記憶（memory）即是與收錄、保留儲存，與提取過往經驗有關的動態機制。

由於記憶的歷程太重要了，我們可以從理察‧阿特金森與理察‧謝弗林（Richard Atkinson& Richard Shiffrin, 1968）提出記憶模型來思考人們認知的過程，當中包含感覺儲存（sensory store），也就是你所看到的聽到的聞到的，甚至是感覺到的；短期儲存（short-term store），透過複誦或重複表達數字文字等方式短暫記憶下來；以及長期儲存（long-term store），例如人們對自己年輕時風光或辛酸的清晰回憶。但也因為不同的人有不同的認知風格，有些人的聽覺或

視覺特別敏銳，有些人則是特別擅長邏輯推理，所以如今產生在教育上（因材施教）、服務上（客製化精準行銷）、商品上（少量多樣）便有提供多樣選擇的趨勢，以符合一樣米養百樣人的需要。然而，為什麼人們總是健忘的？干擾理論（Interference Theory）與衰退理論（Decay Theory）這兩個理論可以解釋這個現象。

前者指遺忘的發生是因為吸收學習了新的資訊進而影響或抑制對舊資訊的回憶，當吸收的資訊量越多，大腦處理的訊息量越多，被干擾的現象就會越多。後者衰退理論則是很單純的因為時間關係訊息沒有再次被利用，進而記憶痕跡逐漸消失。這兩者都可以解釋了為什麼人們常說書讀得越多就忘得越多，不是因為讀書沒有用，而是因為這些訊息進入大腦後沒有被結構化連結與處理，前後訊息交錯產生干擾現象或者因為時間關係訊息不再被利用而記憶衰退，自然而然就什麼都忘光了。

知識資訊是無限的，人們的認知卻是有限的

基於上述，我們明白了一個道理：知識資訊是無限的，人們的認知卻是有限的。人類的認知系統限制，也讓人拒絕

太多的選擇，因為我們根本無法處理太多相衝突的資訊，反而會因為太過焦慮而無法做決定。身為消費者的我們要明白，影響我們做決策的訊息實在太多了，如果一味的蒐集各種資訊而遲遲無法下決策，很可能我們就會錯失最佳購買時機。舉例，如果今天是因為自己的剛性需求需要購買房屋，最好就給自己設定一個做決策的時間點，否則你可能會在眾多待售物件當中迷失方向而不自知，最後白白耗費許多無形成本卻一事無成。反之如果我們是企業經理人，參考席那‧伊言格和馬克‧列波爾（Iyengar& Lepper）在《人格與社會心理學期刊》（Journal of Personality and Social Psychology，2000）發表的文章〈當選擇讓人失去動力〉（When Choice is Demotivating）中，做了一個實驗：在超級市場中的同一果醬攤位，如果販賣六種口味，遠比販賣二十四種口味的營業額還高，縱使二十四種口味時來試吃的人比較多。尤其人們大腦最適合處理的數字是 7 加減 2，以這個例子來說，果醬公司的經理人就應該要知道，其實果醬口味無須研發超過十種以上，過多的口味研發很可能是浪費過多的研發成本。

佛洛姆（Erich Fromm）所著的《逃避自由》（The Fear of Freedom）有類似的想法，書中提到當賦予一個人完全的自由時，人會開始害怕。例如暑假對學生來說是完全的自由，

但放久了學生會開始想念開學。或者因為 COVID-19 疫情急速蔓延，政府教育單位推動多元彈性教學模式，除傳統實體上課外，學生的學習模式多了一種選擇——線上同步學習；有些家長可能（誤）以為孩子都喜歡在家進行「線上同步學習」，因為坐在電腦前上課是相對自由自在的方式。沒想到在前兩年疫情相對嚴重的時期，他們讓孩子自己選擇要去學校上課還是在家線上上課，出乎意料孩子都決定要去學校，原來是孩子發現到學校班級上課比較安心。

如果你還是職場新人，當上司希望你企劃行銷方案或製作產業分析報告時，請記得不要讓自己迷失在眾多的統計數據當中，一味的想把所有資訊都呈現出來是貪心的呈現，而這份貪心除了無法讓上司看懂你的觀點之外，同時更可能把客戶嚇跑，因為他們讀完你的報告後可能更不知道自己該如何做選擇了！

如果你是企業經理人，一定要知道客戶或消費者的內心其實不喜歡有太多選擇，只是他們未必真的知道。有經驗的經理人在設計產品服務購物流程的時候，能掌握到消費者的注意力，抓到他們的眼球偏好，例如：透過視覺圖像化呈現（長條圖標示高峰處，粗體特殊色字體），或眼動追蹤技術

（eye-tracking technology，網路環境中很普遍採用的方式），快速有效的提供他們企業想提供的訊息，如此可以創造多贏的成效。

近年來「企業端」喊出「少量多樣」、「客製化」、「一對一行銷」等震天價響的策略，對消費者來說，如果從消費者端的認知理論來看，我們要問的是：消費者真的需要客製化的選擇嗎？或者，當一百個企業都要對我「一對一」時，那我不就要「一對一百」了！如果知道認知的限制有時讓人怕選擇，客製化的精神就不只是提供選擇，而是必須要幫助消費者做選擇，像是網路行銷上的搜尋引擎、關鍵字行銷、評價、推薦、標籤等等，都是幫忙做選擇的例子，或是像亞馬遜（Amazon）網站上的「購買此商品的顧客也同時購買」的功能，許多購物網站提供的「猜你喜歡」功能，以及 Disney+ 或 Netflix 這些全球當紅的影音串流平台所提供的「給你的最佳推薦」功能，這些透過 AI 技術分析演算的推薦系統，都是直接幫有選擇困難的消費者或觀眾給予決定建議。

想一想，你是否曾經坐在電視前面對著 Netflix 裡的一堆影片轉了又轉，遲遲無法決定接下來要追哪一部戲？這時候「給你的最佳推薦」功能就派上用場了。

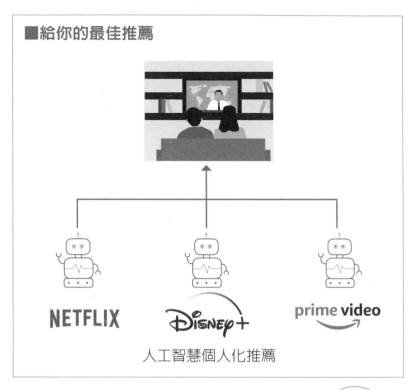

■給你的最佳推薦

NETFLIX　Disney+　

人工智慧個人化推薦

[重點思考]

1. 說說自己是否曾經產生「選擇困難」的經驗。

2. 為什麼資訊不是越多越好？

3. 資訊越多，就越能夠降低決策不確定性嗎？

4. 通常在哪些情況下，消費者不需要有太多的資訊？

[重點回顧]

1. **車道憤怒（Road Rage）**：當人們在開車時，前面車子的速度太慢，導致心情開始焦躁變差甚至變得很生氣。

2. **網怒（Internet Rage）:** 當人們在打開一個網頁時發現下載的速度比預期的還慢，心情會焦躁變差甚至變得很生氣。

3. **注意力的三項特點**：有機會成本的，有上限的，有缺口的。

4. **注意力資源理論（Attention Resource Theory）**：人們的注意力資源可以被分配到使用不同特定感官的工作項目上，項目數量絕對是有限的。

5. **認知主義（Cognitivism）**：本質上是學習理論，是藉著瞭解人們是如何思考，就可以理解人們大部分的行為。

6. 從記憶模型來思考人們認知的過程，包含**感覺儲存（sensory store），短期儲存（short-term store）與長期儲存（long-term store）**。

7. 人之所以會遺忘，**干擾理論（Interference Theory）與衰退理論（Decay Theory）** 這兩個理論可以解釋這個現象。

2 / 談直覺：非理性的判斷

什麼是事實？認知到的事實才是事實。而這個事實，往往不是來自於理性複雜的統計推理，而是來自於人們的直覺。

有一次阿華月考結束回家，不斷說這次月考「社會科」題目真的出得太難，擔心自己可能會考得很差，不斷重複懇求媽媽一定不可以責怪他，因為他覺得自己已經盡力寫考卷了。當時阿華拿到 70 分是小學五年級，他為自己辯解著這張考卷沒有人拿滿分，又說全班都震驚怎麼題目這麼難，認為社會科老師在為難大家，又直覺認為拿到這種分數自己一定會被爸媽罵得狗血淋頭。目前是小六的他，即使這件事已經過了一年，仍舊覺得那次的社會月考是他人生中的震撼教育。

其實那次媽媽看了考卷題目之後發現有一半的題目是沒有標準答案的「申論題」，對於還是小五的阿華是第一回碰

到，從阿華當時困擾的情緒可以感受到他心中納悶天下怎會有如此艱難的題目。而從小到大身經百戰考過不知道多少次分數不到 60 分的大人，都明白這就是「長大的過程」。這個過程，讓我們知道考題有時不一定會出現在課本上，甚至有時候沒有標準答案，而考試的最高分也不一定是 100 分而是 65 分，有些考試或許全班沒有一個人及格。

我們再來看看這個故事：

多年前莫姐曾經很喜歡一間靠近住家學區附近的預售屋，她看過該預售屋的介紹後決定先刷卡付 30 萬元的訂金，讓房屋代銷公司的銷售小姐張大姐與公司確認最後總價，莫姐希望的成交價為 3000 萬，代銷公司與業主共同的期望售價是 3030 萬，有多年房屋銷售經驗的張大姐直覺認為這筆訂單一定能為莫姐談下來，而年輕的代銷公司經理則認為 30 萬的價差過大實在無法說服公司同意，尤其那時候台灣房市正火熱。最終因為賣方堅持售價，莫姐不願追價，這筆訂單未能順利成交，張大姐也就拿不到這筆業績獎金了。……誰能料到台灣的房市從那時的高點開始反轉一路下滑……兩個月後，張大姐回撥了電話給莫姐，表示公司願意把代銷公司自己的利潤 15 萬元回饋給莫姐，也就是同意以 2985 萬元的

價格重新簽訂當初的合約……。

　　張大姐後來表示，以自己多年的房屋銷售經驗，她當初認為那筆 3000 萬元的訂單是很有機會可以成交的，而年輕的代銷公司經理當時則是希望能有被業主讚賞的表現，也擔心這筆少了 30 萬的訂單（3030 萬 -3000 萬 =30 萬）可能會被業主責罵，而不願意繼續與業主協商，最終結果就破局了。

　　以上這一切過程的認知總結，簡單說就是「經驗」。其實世界上根本沒什麼新鮮事，只是這些事情自己沒有遭遇過就認為是新鮮事。因為大人都有許多考試的經驗，所以阿華媽媽看待阿華那次的社會月考，反而直覺認為這對阿華來說是一個意外的禮物，同時亦感謝出題老師的遠見。銷售小姐張大姐因為多年的房屋銷售經驗，知道房屋售價若超過 2500 萬以上買家數量相對較少，價差僅在 1% 的狀況下是有很高的成交機率，但最終結果卻不如張大姐自己的預期。

　　從這兩個事件我們可以發現，**阿華跟媽媽認知到的事實是完全不一樣的，銷售小姐張大姐與年輕的代銷公司經理認知到的事實也是完全不一樣的。**然而到底誰認知到的事實才是對的？其實人們認知到的事實，就是事實，只是因為每個人的立場不同，看法與觀點就會有所不同。所以阿華跟

媽媽認知到的都是事實，銷售小姐張大姐與年輕的代銷公司
經理認知到的也是事實。而這些認知到的事實，往往不是來
自於理性複雜的統計推理，是來自於學校不太教的「直覺
（Intuition）」。以下我們就要告訴你，直覺不是憑空從天
上掉下來的，它是有脈絡線索的。

■直覺：人因為立場不同，看法觀點就會有所不同

買家：莫姐
希望以 3000 萬
成交

預售屋業主：
希望以 3030 萬
成交

銷售人員：張大姐
直覺認為 3000 萬
可以成交

年輕的銷售經理：
希望以 3030 萬談
成這筆交易

一般談到「直覺」有兩個主要的觀點：自然決策（Naturalistic Decision-Making, NDM）與捷思法和偏誤（heuristics and biases）。

小心！過度自信有時會害了你

1. 自然決策（Naturalistic Decision-Making, NDM）：
談到這個觀點，首推心理學家蓋瑞‧克萊恩（Gary Klein, 1989），他認爲許多專業人士在沒有時間進行詳細狀況分析的時候，就是依靠自己多年的專業經驗進而快速做出最佳行動路徑的決定，這種簡單說就是直覺中的自然決策，或通俗的說法是「第六感」。例如：消防隊員如何快速辨識火災的起火原因，加護病房的醫護人員如何快速處理突發狀況的病人。這種直覺，其實等於是「**經驗**」加上「**專業知識**」。請注意，這種情況下通常專業人士的經驗環境一致性是較高的，也就是透過多次長期的經驗累積，專業人士能夠自己歸納框架（frame）出屬於自己的決策觀點。這也解釋了在自然決策中，老人總是比年輕人有優勢，因爲老人的經驗比年輕人要多太多了，在相對高效度的環境下，透過充分的學習環境而累積經驗，自然老人做的總結或決策會優於年輕人。上述社會月考事件中阿華媽媽的直覺，莫姐買屋事件中銷售小

姐張大姐的直覺，就屬於這一類，因為她們都是透過累積多年的經驗與專案知識進而框架出立即判斷的能力，這就是自然決策。

不過還有另一種狀況也請留意，還記得 2003 年 SARS（嚴重急性呼吸道症候群疫情）過後，台灣房市幾乎降到冰點，在 2020 年 COVID-19 疫情（新冠肺炎）剛出現時，許多資深房仲業者認為按照過去 SARS 的「經驗」判斷，台灣的房市應該會急速走下坡，沒想到 2020~2022 上半年這段期間台灣房市不跌反漲，多數房仲人員的困擾不是找不到買家，反而是沒有物件可以銷售。如果你是資深房仲業者，因為自己自然決策的直覺給予買家與賣家有偏誤的決策建議，你的專業可能就將面臨重大的質疑了。因此，請小心專業人士的過度自信（overconfidence effect），其自然決策極有可能造成決策偏差，這也是為什麼需要有複雜且深思熟慮的數據統計推理來幫助人們做決策。

捷思法有時確實能快速幫助我們做決定

2. 捷思法和偏誤（heuristics and biases）：這又是另一種完全不同的觀點，我們最推崇的理論應該是 2002 諾貝爾

經濟獎得主丹尼爾・康納曼（Daniel Kahneman）以及他過世的好友阿莫斯・特莫斯基（Amos Tversky）所共同提出的看法，他們提出人們常用的三種直覺捷思：

■直覺理論

表徵相似原則
（表演的藝術）

直覺捷思

定錨調整原則
（錨點的價值）

易於獲得原則
（故事的力量）

（1）看起來像（表徵相似原則，Representativeness）：

舉例早期重男輕女的社會，往往身旁會有些朋友他們家已經有好多個姊妹，最後出現一個弟弟，這是因為長輩認為

已經連續生好幾個女孩，下一胎很可能會是男生，殊不知從機率理論角度來看每一次出生性別的機率是一樣的，且前後都是獨立事件，白話講就是不會因為已經連生好幾胎女孩，下一胎生男孩的機率就比較大。再看一個例子，來到台灣科技大學發現社會服務活動男生參與的人數比較高，就斷言「女生不認真參與服務」可能就錯了，因為台灣科大男生本來就比女生多（Insensitivity to base rate），若要準確考慮到整體比例就要用到貝式定理（Bayes' theorem），這也是機率問題。從這些例子都可以發現，人們忽略了一項重要的底層概念就是「母體」，因此人們的判斷很常用「看起來像」的表徵相似做了錯誤的判斷，就像是多數人認為馬路上開車三寶通常是女人居多，錯誤推論交通事故多半是女性駕駛造成，這就是忽略了整體道路駕駛性別比例的底層母體概念，進而給出錯誤的判斷。

即便如此，當人們在短時間內要做出決策，常常還是會以原則作為依據，這也就是為什麼社會新鮮人面試時需要穿上正式套裝，管理顧問公司與法律事務所會有所謂的服裝規範（dress code），因為這讓我們看起來專業許多。所以你們說，「包裝」重要嗎？最近有些管理學院開始開授「戲劇」的課程，甚至是鑽研「印象管理」等理論，教導經理人如

何演好管理者的角色與氣度。從大家都知道的迪士尼樂園來看，它販售的是歡樂愉悅的幸福，因此迪士尼的員工看起來就很快樂（其實我們根本不知道他實際上到底快不快樂），因為他們員工訓練中被教導的禮儀課程，就是在要透過「笑容可掬的熱情」來傳達這份迪士尼品牌想傳達的幸福感。簡單來說我們「做什麼就要像什麼」。

（2）記起來是（易於獲得原則，**Availability**）：

上一章我們跟大家說明為什麼人的記憶力是有限。但往往人在直覺決策時，很容易從自己有限的記憶中快速浮現出可參考或可用的事實，以此作為判斷的準則。從上述社會月考的事件中，阿華在自己有限的記憶中不曾面臨過這麼困難的考題，因此他的直覺認為自己死定了，回家一定會被罵得很慘，這個事件也在他心中成為印象深刻的考試個案，所以到現在還常掛嘴上說社會科很難。老師當久了其實一不小心也很容易陷入這種直覺偏誤，例如某個學生只有數學科成績特別優秀，當在我們心中要盤點班上成績優秀的同學時，這個學生就會出現在腦海中，或者學期末要打分數了，某些學生雖然在開學期間常常蹺課，但在學期末的成果報告表現得特別突出，他還是很有可能學期成績會拿到高分，因為學

期末的成果報告距離老師打學期成績的時間很近，突出的表現很容易讓老師回想起來（事件容易獲得）。

因為一般人都容易被印象深刻的「單一個案」所影響，例如看到戴資穎在羽球上優秀的成績，就認為自己也可能有這樣的表現（過度樂觀），但如果你能將這印象深刻「單一個案」的特質運用在工作上，它便可能成為你的一大助力。職場上如果你是經理人就要懂得「說故事的力量」，特別是創業家就更要為自己的產品或服務打造一個讓客戶印象深刻具有感染力的故事（品牌故事），如此你的產品或服務較能成為在客戶心中的「單一個案」。如果你是新進職場工作者，要記得為自己創造令人印象深刻的事件（當然要是正向的事件），讓自己成為「有故事的人」，如此你的長官或同事在未來有需要時就能快速想到你。

（3）比較起來（定錨調整原則 Anchoring & Adjustment）：

早期房屋市場價格完全不透明，往往都是在成交後消息散佈後才知道自己是不是冤大頭，後來政府提供房屋「實價登錄」制度，等於是房屋市場中買賣雙方出價的正義定錨點。房市好的時候，買方心甘情願追價，房市差的時候，賣方也

心甘情願賠售。再舉個例子，每次到了年底新聞媒體總會播出某上市公司年終獎金高達 30 個月或甚至 40 個月，你內心是否立即出現一種低落或羨慕的情緒？如果有，這種心情不佳的情形表示自己可能陷入了這種「比較起來」的直覺認知偏誤。你是否想過是該公司全部的員工都領 40 個月的年終嗎？過往的每一年都有 40 個月的年終嗎？許多有形無形的問題都能協助我們進一步做理性判斷，若你陷入這種偏誤而不自知，成天活在比較的生活裡，比較誰薪水高，比較誰住的房子好，比較子女的學歷……，一堆比不完的事，那你肯定快樂不起來，因為總覺得人生太不公平了。

此外，身為經理人要學習如何「定錨」的藝術，當你要為你的產品或服務「定價」的時候，就是一場前進（進攻）與後退（退讓）的雙人舞蹈。定價過高，曲高和寡叫好不叫座，產品或服務最後一個也賣不出去。定價過低，陷入紅海低價競爭，產品或服務的價值無法突顯。反觀，如果你是職場新鮮人面試求職時要如何填寫自己期望待遇（定錨）？有人參考行情寫了兩萬五，從此你待遇可能就不會超過這個錨點。你也可以寫三萬五，暗示企業自己身價比較高，當企業說最高只能給你三萬元時，也要裝著勉為其難的答應，從此你不僅多獲得了五千元的待遇，老闆可能覺得還虧欠你五千

元。什麼是身價？認知到的身價才是身價，而認知的價值會受錨點的影響，學會定錨太重要了！

「認識自己的無知就是最大的智慧。」～蘇格拉底

上面談到的直覺兩大觀點，尤其是捷思法很容易造成**認知偏誤（Cognitive bias）**[1]，也就是直覺的判斷很可能是不正確的。如何避免認知偏誤的產生，方法我們歸納如下：

1. 常保學習心態：

《呂氏春秋》中有記載：「不知而自以為知，百禍之宗也。」而後法國哲學家笛卡兒有句名言「懷疑是智慧的源頭」。這都再次提醒我們，不要過度自信自滿，即使在自己的專業領域中也要常保持謙虛學習與提出疑問的態度面對問題。

2. 明瞭機率理論：

面臨許多直觀的現象時，人們很容易因為忽略背後的整體比例而陷入直覺偏差，這是因為心中沒有統計機率的概

---

1. 根據一定表徵或記憶參考點等自己認定的主觀訊息，進而對事件做出與事實不相符的判斷。

念。提醒自己許多事件背後是有原因存在的,而這原因常常就是被我們輕易忽略的母體特性(整體比例),進而錯判了獨立事件或相關事件。

3. 培養推理習慣:

人是有限理性的,在我們的記憶中能運用的資訊也是有限的,遇事養成推論的習慣,透過練習不要立刻下決定,並蒐集相關資訊幫助自己進行邏輯推理,相對就不容易產生記憶偏差。

4. 重新定錨,跳脫既有框架:

人很容易被既有的「定錨點」影響,當你在作決策時如果「定錨點」已經存在,它極有可能會左右你的判斷。因此不妨嘗試「忘掉已經存在的定錨點」,根據自己的判斷重新建立新的定錨點,就能擺脫既定的框架,產生創新思維。

最後想問你,「知道太多資訊」對你來說到底是好事還是壞事?總結就是:你認知到的事實才是事實,其他用不到的資訊就放水流,挪些心思用來享受人生吧!

[重點思考]

1. 事實,是客觀的,還是主觀的?韓國歌手 IU 很美,是客觀的事實,還是主觀的事實?

2. 客觀的事實比較重要?還是主觀的事實比較重要?老闆認為你的能力強比較重要?還是你真正能力強比較重要呢?

3. 試著舉出自己生活上因直覺產生的偏誤例子,並說明是因為哪一種直覺捷思所產生的偏誤?

4. 有句話說「智者充滿懷疑」,說說你的看法。

[重點回顧]

1. 「**直覺**」有兩大觀點:自然決策(Naturalistic Decision-Making, NDM)與捷思法和偏誤(heuristics and biases)。

2. 自然決策的直覺,就是經驗加上專業知識。

3. **過度自信效應(overconfidence effect)**:一個人對自己的主觀認知信心程度過高遠超過客觀準確性的判斷。

4. **捷思法(heuristics)三大類**:看起來像(表徵相似原則,Representativeness),記起來是(易於獲得原則,Availability),比較起來(定錨調整原則,Anchoring & Adjustment)。

5. **避免認知偏誤方法**:常保學習心態,善用機率,培養推理習慣,重新定錨。

3 / 談認知風格：一樣米養百樣人

每個人都有不同的認知風格，即使是同一個人，在不同階段
也會有不同的認知風格。

　　我們都曾經是學生，知道學生有一種溫書方式是同學一
群人約了一起去咖啡廳讀書，有些人一整天下來東張西望什
麼也沒讀進去，有些人卻可以在人來人往的地方專心讀上兩
小時，再起來稍稍活動筋骨後繼續讀。進入職場後我們開始
會發現許多咖啡廳裡面的客人似乎不是單純來喝咖啡，而是
在用自己的筆電工作，我們也常把一些工作會議與合作洽談
約在咖啡廳內進行。這時候，相信有去咖啡廳讀書或工作過
的你，心中應該有一把尺能評估自己的最佳工作場所，到底
是在家裡、辦公室座位，還是在咖啡廳的工作效率好、專心
程度高，或者對你來說在哪邊工作都差不多，只是有時醉翁
之意不在酒，工作場地的選擇被許多其他因素所干擾。

醉翁之意不在酒，在乎山水之間也

　　每個人受到周圍環境刺激而被干擾的程度是不一樣的，這可從赫爾曼・威特金（Herman A.Witkin）學者在 1962 年提出**場地獨立和場地依賴（Field Independence FI / Field Dependence FD）**概念來說明，這也是早期開始有學者提出人們的認知型態或認知風格（cognitive style）是有差異的來源。這個理論認為，偏向於場地獨立（FI）的人，比較不會受場地外在刺激變動而影響自身的專注力，不易分心，人際關係傾向與人保持距離，喜歡獨立完成工作且能分析非結構化的問題，這類的人多數也擅長數學科學概念，在咖啡廳或在辦公室工作效率普遍不會落差太大。

　　而偏向於場地依賴（FD）的人，會比較容易受場地外在刺激變動而影響自身的專注力且較容易分心，人際關係比較傾向於與他人接觸往來、和他人一起完成工作，擅長人文或社會科學，屬於這類型的人場地環境對他的影響較大，也就是依賴場地的傾向較高，太頻繁的更動工作場地環境對他不是好事。整體來說，同樣都是傾向場地獨立（FI）或場地依賴（FD）的同一群人中，每個人也會有傾向程度上的差異，而這些差異也不會永遠都一致。

這些年拜雲端科技進步所賜，行動辦公室或咖啡廳辦公室的模式已成家常便飯，很多國際大公司因為 COVID-19 疫情也開放並支持員工遠距（在家）上班，表示到處都可以是你的辦公室。如果你天生的認知風格屬於場地依賴（FD）這類，勢必進行自我調整才能符合現在這樣的工作模式。我們也常聽到一句話：人換了位置就換了腦袋。我們身旁也從不缺乏這樣的人出現，公司主管升官後就突然嚴格臭屁起來，政治人物換了職位後看法跟以往大不相同。雖然這句話比較常是負面形容詞，我們這邊先不論這些人換了腦袋後的觀點正確與否，仔細推敲後我們也會發現原來人們是可以透過後天外在情境改變自己先天原有的內在認知，這意味著認知風格也是會自我調節的。

不要一口咬定「他」就是一個冥頑不靈的人

談到人們的認知型態或認知風格（cognitive style），可以從榮格（Jung, 1875-1961）開始談起，他是瑞士的精神科醫師（psychiatrist），致力於研究人類心理學，認為病人的問題不會只是生物失衡，更注重在病人的心理因素，許多後人認為他是分析心理學的創始者。他先提出人類可分為內向

性與外向性（Introversion I / Extraversion E）這兩種機制，前者的能量來源是自己主體，安靜謹慎，後者的能量來源則是外在客體，多話善外交。

後來他根據人類接受資訊（Perceiving）的方式，分作重視細節的細膩（sensing，強調左腦）與專注大方向的直覺（intuition，強調右腦）這兩類；又根據人們判斷決策（Judging）的方式分為重理性分析的邏輯思考（thinking，強調左腦）與人際關係的主觀情感（feeling，強調右腦）這兩類，請注意有許多新的研究並不同意左腦跟右腦的功能分別，這裡只是用來做管理的分類。因此從內向性與外向性（Introversion I / Extraversion E），細膩與直覺（Sensing S / iNtuition N），思考與情感（Thinking T / Feeling F），交叉而成八種人們的認知風格，IST，INT，ISF，INF，EST，ENT，ESF，ENF，人們會稱做「榮格八維」。

從人們公認心理學創始者榮格的這些概念我們可以發現，人類心思如此複雜，即使在他有生之年不斷提出更多的分類方式，追根究柢就是無法用簡單的二分法來歸納人們的所有心思類型。MBTI（Myers-Briggs Type Indicator）人格理論是被許多知名大企業運用給員工進行人格分類的自我檢

測量表指標，這指標是美國心理學家邁爾斯母女（Katharine Cook Briggs& Isabel Briggs Myers）於 1920 年代以榮格分類爲基礎所提出，她們加入判斷（Judging）或感知（Perceiving）的維度，成爲 2x2x2x2 的 16 種人格類型。

■認知型態理論── 認知風格類型

人類判斷決策（Judging）的方式	人類接受資訊（Perceiving）的方式	
內向性（Introversion I） 外向性（Extraversion E）	細膩 （Sensing S）	直覺 （iNtuition N）
思考（Thinking T）	IST	INT
	EST	ENT
情感（Feeling F）	ISF	INF
	ESF	ENF

當現今學者不斷根據先前學者提出新概念加入更多的「變數」或「維度」讓過往的理論透過被擴大延伸而有更新穎的應用範圍時，這都是一種「升維」的過程，這種思考方向能幫助我們解釋與瞭解更多更複雜的問題，然而不要忘記的是，在這一連串「升維」過程中，背後有一個最基本要解決的根本問題，也就是問題的底層邏輯，瞭解問題底層的過程，本身則是「降維」的過程。因此當過去學者們不斷根據

先前學者針對人們認知風格的研究基礎嘗試加入新變數新維度，我們必須要明白的底層重點是：人們有各種不同的先天認知風格，且人們有時會因許多內外情境的改變自我調整成不同的認知風格，但此後天認知風格調適未必人人都處理得當。

身為經理人要有「升維」的能力，也萬萬不可忽略「降維」過程的重要性。譬如，一位傑出的工程師通常是因為左腦發達，在處理細膩（sensing）思考（thinking）上具有天賦。一位中高階經理人要的卻是大方向的直覺（intuition）與情感（feeling）的判斷。當一位傑出的工程師升遷成經理，代表的不只是職務的變動，更代表著認知風格的自我調節（self-regulation），如果處理不當，企業可能從此少了一個好的工程師，卻多出一位很爛的經理。 若一位程式設計師，因為表現優異升遷為經理，但是他仍然喜歡坐在電腦前寫程式，而且很厭惡人際溝通，認為自己部屬與使用單位的程度都不夠，平日都獨來獨往人緣差透了。聰明的企業經理人要知道「人們有各種不同的認知風格」，如果遇到認知風格無法調適的優秀工程師有些會另闢工程師之升官圖（如資深工程師待遇比照經理），讓他繼續寫程式，但也能升遷享有經

理的待遇，這就是這位經理人有明白「後天認知風格調適未必人人都處理得當」之降維後的底層重點。

　　海倫經營一家兒童英文補習班，補習班最近新來一位擅長教學又有熱忱的年輕老師來教導一群低年級的學生，這位老師用許多活潑有趣的教學方式與學生互動，起初每堂課結束後學生們都開心得不得了，也很喜歡這位老師。後來卻漸漸發現怎麼這個班每次上課到後半段就會有學生被叫出去教室外面罰站。海倫納悶去瞭解才發現，因為過於活潑生動的教學方式，導致學生們 high 過頭的情緒一時之間收不回來，後半段老師已經切換模式認真進行其他的教學內容時，少數學生心情還停留在之前的遊戲中無法專心於後面的課程內容，造成不守秩序吵鬧情形甚至影響其他學生上課的狀況。這位年輕老師由於缺乏班級管理的經驗，忽略了兒童的學習認知過程中的自我調適能力是無法與成年人一樣的立即與快速，也就是這些吵鬧的孩子們不是天生不乖，只是他們後天的認知風格轉換調適能力尚未健全發展完成，因此無法跟上老師已經切換到正規教學內容的節奏。

　　後來海倫作了教師更動，把這位年輕老師與原本帶領高年級的資深老師互換班級，這位資深老師個性內斂沉穩低年

級的學生們相對可以安定學習，高年級的學生在年輕老師活潑方式的互動教導之下，學習成效也更為提升。

　　上面的故事，後來海倫降維思考明白「有真正學習到內容」才是補習班的底層重點，至於補習班經營者海倫（觀察上課狀況，判斷與回應教師管理），年輕老師（觀察學生上課情緒與專注），甚至是小學生們（回應老師的教學）都是在這個過程中不斷進行「自我調節」。這也正是 1970 年代美國心理學家亞伯特・班杜拉（Albert Bandura）從社會學習理論當中所提出的自我調節動機觀點，也就是人會受到個人的認知、行為以及環境因素三者之間的交互作用而影響人們進行選擇決定，而自我調節（self-regulation）就是以個人的期望為目標，透過自我觀察、判斷與回應，再輔以個人不斷修正行為最終達到預期成果的過程。

■社會學習理論

個人的認知
Person

學習策略
自我調節

環境
Environment

行為
Behavior

· 自我調節（self-regulation）就是以個人的期望為目標，
透過自我觀察、判斷與回應，再輔以個人不斷修正行為
最終達到預期成果的過程。

**當你發現自己的閨密人前人後兩個樣，不要覺得她很
假，她只是在呈現該有的專業**

　　後來榮格又提出**人格面具（persona）**的概念，其概念
是人為社會動物，在不同的場合會表現出不同的形象，相當

於戴上不同的面具,由於面具不是只有一個,因此一個人的完整人格等於是所有面具的整合加總。人格面具的概念在我們日常生活中不難察覺,你一定會發現當自己在獨處時呈現出來的樣子,跟自己在公眾場合呈現出來的樣子往往截然不同,因為獨處時有隱私的面具(通常比較貼近本心),公眾場合則通常會因為想要符合社會對自己的期待呈現而戴著公開面具,進而可受到社會的認可,甚至我們在小孩、伴侶、長輩、同事,長官或下屬都有著不同的面具。

在這個概念之下擁有越多人格面具的人,不表示他是一個假惺惺的人,而是說明這樣的人越能夠適應各種不同的環境,能夠與各種不同的人打交道,這樣的人通常社交能力好,受到認同的程度比較高。如果你是職場工作人,要記得配戴好自己在職場上該呈現的公眾面具,這個意思不是要你當一位虛偽的人,而是要能清楚知道自己在公司內所扮演的角色該呈現何種專業性,例如專案經理該有良好的溝通與整合能力,你的呈現若與此特質相符,代表你的主管與同事們都能認同你在公司內的人格面具。如果你是高階經理人,除了在各種工作中配戴好自己的人格面具外,更重要的是你要能夠看清楚團隊成員們每個人的人格面具是否與其認知風格相符

合，這是識人用人的能力，若你發現團隊中有人正處在認知風格調適不良的狀態下，你身爲高階經理人的功能與價值就來了，幫助他！

　　如何讓人們的認知風格因後天情境所需能順暢自我調適呢？我們可以簡單從動機理論（Theory of Motivation）中的內在動機（Intrinsic Motivation）與外在動機（Extrinsic Motivation）來思考。內在動機是自己本身對事件或活動就感到好奇有趣，因爲自發性想瞭解而願意主動深入研究與執行。外在動機則是透過獎賞報酬或逃避懲罰進而執行特定事件或活動。當然，內在動機肯定比外在動機的影響力更爲持久，同時也是自發性的持續影響。但當高階經理人對於他要幫助的同仁短期內無法發掘他（她）的內在動機時，通常可從外在動機先切入。例如：當一位資深優秀但相對孤僻的工程師要轉成管理職位時，在轉換過程中若有轉換不良或排斥的情形發生，高階經理人可嘗試讓該資深工程師看到更多轉換管理職成功後所能帶來的不同職涯發展與前景（外在動機），同時透過其他工作坊或教育訓練等方式挖掘與培養資深工程師更多的潛力與能力（內在動機），幫助他得以順利轉換職位項目。

我們相信，人是複雜的動物，沒有人是絕對的 FI 或是絕對的 FD，就是沒有人可以被二分法歸類屬於哪一種認知風格。一個很溫馴的學生，當兵的時候可能變成很兇的班長。優柔寡斷的社會新鮮人，經過十年的自我變化，未來可能會是一位果斷明快的經理人。一個人同時具有多種風格的潛力，有經驗的經理人懂得何時拿出何種風格來面對不同的問題與情境。認知風格是與生俱來的，但是後天培養卻是經理人應該有的操練！

[**重點思考**]

1. 你的認知風格，是天生的，還是後天培養的？

2. 你會從一個人的 LINE 頭像照片，判斷這個人的個性嗎？

3. 你可以從一個人在 Facebook 或 IG 上的發文，探究這個人的認知風格嗎？

4. 舉一個你所認同「換了位置就換了腦袋」的例子，可從歷史事件中說明。

5. 你覺得星座跟人的認知風格有關嗎？我們需要針對不同星座的人，設計出不同的管理風格嗎？

[**重點回顧**]

1. **場地獨立與場地依賴（Field Independence FI / Field Dependence FD）**：認知風格的一種分類。場地獨立傾向的人比較不會受場地外在刺激變動而影響自身的專注力，不易分心。場地依賴傾向的人比較容易受場地外在刺激變動而影響自身的專注力且較容易分心。

2. **認知風格（cognitive style）**：心理學創始者榮格研究人類心理學，認為病人的問題不會只是生物失衡，更注重在病人心理因素，提出有內向性與外向性（introversion / extraversion），細膩與直覺（sensing / intuition），思考與情感（thinking / feeling）等認知風格分類概念。

4 / 談決策：人與猴子的差別

你與我認知到的事實，真的都是事實。人生旅途本身就是由一連串的決策組成。不要困擾於找尋最佳解，因為天下根本沒有最佳解。

最近莫姐公司的老闆正在和她討論公司要不要投入資源開發一個新的活動管理 APP 服務，莫姐覺得公司所有工程師現在的工作量已經飽和，根本無暇再開發一個全新的 APP。但老闆覺得這個 APP 的概念非常好，若開發出來一定可以幫公司找到更多的買家。

莫姐認知到的事實是：工程師的工作時間幾近飽和，在此時開發新服務只會提高工程師的工作量，如此研發成果肯定不如預期，同時公司工作緊繃氛圍對公司顯然不是好事。

老闆認知到的事實是：這個 APP 的概念非常創新，目前同行競爭對手都沒有提供這樣的服務，一旦公司將產品開

發出來肯定能在業界打響企業名號，同時也可以招攬到更多的買家上門，對公司未來的發展大有幫助。

小芳，單身輕熟女姓上班族，是莫姐的同事兼好朋友。這幾年莫姐都在嘗試說服小芳買間小坪數的房子，一方面儲蓄兼投資、二方面是將房租轉成繳房貸。但這些年來小芳始終沒有買屋，仍舊過著優雅高品質的單身女子生活。

莫姐認知到的事實是：小芳的月收入應是可以負擔的起小套房的房貸，把現在每個月都需支付的房租再加上幾千塊成為每個月繳交房貸的費用，長久下來小芳就是有殼一族。

小芳認知到的事實是：現在這樣的生活很輕鬆自由，不用為了每月的房貸節衣縮食，還可偶爾看展演或來個小旅行享有優質的生活品質。

到底公司該不該投入資源開發新服務，是個決策。到底小芳該不該買屋，是個決策。前面文章內容我們談到人的注意力是有限的，當人們面臨決策時，眼前選擇總是多到無法全部納入考量，此時依靠的是人們認知到的事實。但同樣一件事不同的人所認知到的事實，往往相去懸殊。人們根據自己認知到的事實，進而決定自己的每個下一步（決策）。

舉例來說，當你進入便利超商，決定買什麼早餐，是個決策；要不要去國外發展，是個決策，要不要換工作，又是項決策。人們在每個決策中所投入的心力與資源，未必都能有預期般的結果，也就是每個決策背後都它的風險存在。有些人因為很在意人和，發現公司同事或主管太難溝通相處便選擇換工作；有些人則是因為眼前職務內容發展空間太過侷限則選擇換工作，因此我們可以發現，人們的決策風格有很大的不同。

　　1990 年代學者羅爾（A.J. Rowe）用左腦（邏輯）、右腦（關係）與思考（不明確）、行動（明確）將決策風格分成**分析型（Analytic Style）**、**指導型（Directive Style）**、**概念型（Conceptual Style）**、**與行為型（Behavioral Style）**四類決策風格，請注意後來也有許多新的研究並不同意左腦跟右腦的功能分別，這裡只是用來做管理決策風格的分類。

　　1. 分析型（Analytic Style）：這類型的人對於事情不明確容忍度高，處理問題的方式會透過大量蒐集資訊，考慮各種方案後找出最佳解。

　　2. 指導型（Directive Style）：這類型的人對於事情不明確容忍度低，著重在專制權威與外在環境規則，傾向結構

化按部就班執行事情，重視效率。

3. 概念型（Conceptual Style）：這類型的人對於事情不明確容忍度高，傾向社交與人溝通，透過想法分享激發創意，觀念開放且喜歡創新，不喜歡受到太多侷限。

4. 行為型（Behavioral Style）：這類型的人對於事情不明確容忍度低，關心別人的需求，易於溝通所以容易接受建議，處理問題時使用資較少。

無論你現在是職場新鮮人或經理人，瞭解人們的決策風格類型對你來說都很重要，因為不管是對客戶、自己或主管都可以「因材施教」。像是業務人員遇到指導型的人，銷售要直接切入重點；遇到分析型的人，要提供大量的資料；如果對象是概念型的人，則要談創意願景；碰到行為型的人，可能要先套交情。也有人用在團隊分組的研究，像是講強效率分析的左腦人常常會受不了講求關係與空泛創意的右腦人，將左腦人與右腦人分在一個團隊中，是衝突還是互補？仍是認知研究中的一個主題。當你能察覺自己是屬於哪一類型的人之後，就能更精準的幫助自己規劃適合自己的職業生涯。

例如：你發現自己是屬於喜歡與人溝通樂於創新的概念型的人，而目前自己任職的工作是非常需要明確結構化資訊判斷的程式設計師，當兩者屬性差異甚大的時候，此時就該為自己的未來發展多加規劃，一來是學習如何明確結構化的態度判斷問題，二來則可思考轉換職務（例如需時常與人溝通的專案經理）的各種可能性。再例如：當你能瞭解你的主管是屬於哪類風格的經理人時，你更能明白主管的特點，在壓力下的反應，以及管理原則等特質，因此當主管做決策的反應與你的認知差異甚遠時，你無須驚訝或憤怒不已，你應該要培養自己有能力構思主管可接受的方式與主管進行良善正向的溝通討論。

■以風格來管理：在不同情境下各類型經理人的反應

決策風格	壓力下	激勵因子	管理原則	特點
分析型	依循規則	挑戰	分析推理	邏輯
指導型	爆發	權力地位	政策規則	專注
概念型	反覆無常	認可	直覺判斷	創造力
行為型	逃避壓力	接納	感覺	情緒化

當大家都坐在自己的人生列車上，這趟人生旅途本身就是由一連串的決策組成，千萬別自以為聰明的認為「自己只要先不做決策就不會衍生風險」，例如：明明清楚知道自己對目前這份工作沒有熱情，一心想著未來要換工作，但擔心轉換風險與成本仍然沒有轉職的規劃與動作。這邊我們必須誠實告訴你：**當你認為目前什麼決策都不做時也是做了一個決策，而這個決策就是：先不做決策。**

■認知複雜性

	左腦（邏輯）	右腦（關係）
思考（不明確）	**分析型** （Analytic Style） 接受改變	**概念型** （Conceptual Style） 啟發改變
行動（明確）	**指導型** （Directive Style） 排斥改變	**行為型** （Behavioral Style） 支持改變

無論我們屬於哪種決策風格，每當我們在做決策的時候總是會希望能尋求出「最佳解」

古典的決策理論強調尋求最佳解（期望價值理論，Expected Value Theory），是一種理性或正規的決策理論（Normative Theory），強調人們應該如何做決策，比較偏量化的方法。正規理論認爲需要量化（可被計算）的數值包括了決策者的「價值」、以及「對自然不確定的預估（也可稱爲機率）」，兩者相乘後的結果可稱爲「期望值」，這就成爲十七世紀著名法國數學家、哲學家布萊茲・帕斯卡（Blaise Pascal）所主張的期望價值理論，他也是後來數學理論機率論（Probability Theory）的奠基者。

期望值＝機率 × 價值

古典決策理論所談的理論假設爲人是理性的，人知道自己所有的決策選擇以及決策後的所有可能結果，且對風險的態度是完全中立的，也就是基於這樣的假設，人們對自己的選擇是完全理性的。舉個例子，公司現在有個新產品服務的開發機會，到底該不該投入資源下去？在其他所有條件都相同的狀況下，這個決策有兩個選項（alternatives），就是投入開發與不投入開發；面臨到兩項不確定性（uncertainty）：

如投入後能賺錢或賠錢（例如，賺錢的機率是 40%，賠錢的機率是 60%）；最後，還要評估投入開發後賺錢與賠錢的情況下，這兩種選項對決策者的價值（values or outcomes）（例如，賺了投入成本的 35%，賠了投入成本的 20%）。有了機率、有了價值，就可以相乘以算出不同選項下的期望價值（0.4 × 0.35 ＝ 0.14；0.6 × -0.2 ＝ -0.12），這就是投入資源開發新產品服務的可能期望利潤。這種古典決策理論的計算原則是從經濟學研究為模型基礎。

但是，機率預估與價值評估都很難準確，你敢因此就做出決策嗎？古典理論或是所有理性學派都要面對的難題在於這些量化的數字要怎麼來，以及人們真的是用期望值在做決策嗎？像是機率的預測很難，特別是對無法重複實驗的未來單一事件。價值的計算也往往牽涉到相衝突的目標以及效用遞減的非線性函數，進而衍伸出考慮決策者心理特質的相關決策理論。

這種開始從期望價值理論延伸加入決策者主觀效用的理論，我們稱為「**期望效用理論（Expected Utility Theory）**」。這個理論強調的是人們不是完全理性的人，且不同價值的金錢，對於不同人有著不同的效用（同樣的一百萬元，對你或郭

台銘的效用就不一樣），同時，人還有一種特質就是做決策時
會去尋求最大的效用：找尋最大的快樂，以及避免最大的痛苦。
「效用」就是獲得一件物品或服務的快樂程度。這個概念考量
的是人的快樂程度，所以效用是主觀的。同時人們對於影響一
個決策的所有因子的主觀機率與主觀效用都不同，因此經過一
系列的運算步驟後（主觀機率 x 主觀效用的總和），便可找出
每個人對於這個決策的期望效用。

當「最佳解」太難尋求時，
人們會改為追求「滿意解」即可

人生的決策很難有最佳解，退而求其次，人們追求滿意
就好，這是一種**敘述決策理論（Descriptive Theory）**，在
討論人們事實上是如何做決策的，比較偏心理行為的研究。
前景理論也稱展望理論（Prospect Theory），由丹尼爾·
康納曼（Daniel Kahneman）與阿莫斯·特莫斯基（Amos
Tversky）兩位學者在 1979 年提出，然而 2002 年諾貝爾經
濟學獎才頒給他們。他們認為人們在做決策時主觀效用與
實際的獲得或損失是非線性的，而且效用遞減，同時決策所
衡量的標準是來自「關心收益與損失」之間的關係，這個
理論提出的重點是在解釋現象（決策者滿意就好），而不是

告訴我們怎麼做決策才是最佳的。前景理論告訴我們：人們通常面臨損失的不開心感受會比獲得利益的開心感受來得強烈，人在得失之間的判斷會給予一個基本參考點（定錨，anchoring），而人們會規避風險（risk-averse）也會尋求風險（risk-seeking）。

規避風險（risk-averse）：多數人面對可能產生的「高收益」及「低損失」時，擔心有龐大的損失，會選擇寧可少賺一點確保一定能獲利，讓損失風險越少越好，因為人們通常不喜歡損失的感覺。舉例：公司投資 A 方案有 95% 的機會賺得 100 萬元，或投資 B 方案有 100% 的機會賺得 94 萬元，多數的經理人會選擇 B 方案，因為當賺得夠多時，會想確保穩賺不賠。

尋求風險（risk-seeking）：多數人面對可能產生的「低收益」及「高損失」時，也因為人們不喜歡有損失的感覺，當有機會能賺到更多收益時，只要可能損失的風險不要過大，人們通常都會願意承擔這項風險來尋求最大利益。舉例：公司投資 C 方案有 5% 的機會賺得 100 萬元，或投資 D 方案有 100% 的機會賺得 5.1 萬元，多數的創業者會選擇 C 方案，因為當賺得不夠多時，不如賭賭看。

我們常看到一些經典的企業管理案例，企業創辦人或經營者總是希望員工提供創新建議，如此企業透過創新發展達到永續經營，高階經理人何嘗不瞭解創辦人的想法呢？但這些高階經理人的心裡想的可能都是怎麼做才能不踩到其他事業單位（BU）的界線，怎樣能避開最大的投入風險，這種安全保守的心態其實是傾向**規避風險**；而公司董總們都等著批准創新推動作法，即使投資風險較高也都樂意一試，這種敢於冒險的態度卻是傾向**尋求風險**。當企業的重大議題在推動時發生這種雙邊矛盾的障礙時，企業主該當如何呢？

　　因為人們往往只將自己認知到的事實才當作是事實，所以認知到巨大的「風險」來了就想規避風險，認知到巨大的「機會」來了就想尋求風險。這幾年業界很流行一種創新**概念最小可行性產品（Minimum Viable Product, MVP）**，或許能幫助在職場工作的我們，當面臨到這種進退徘徊的風險承擔時可考慮的推動方法。MVP簡單說就是明白自己的目標市場後，用最小的成本設計完成產品或服務最主要的項目，以最快速度在市場上測試，並且收集使用者回饋以及改良它。這種具備快速敏捷，邊做邊修正的方式，一方面降低投入成本過高以及不被市場接受的風險，二方面能幫助企業

勇於創新擁抱更大的收益機會。

　　其實人與猴子最大的差別就在於人類有個數字系統，遇到決策問題時能夠用理性的數學量化模型來幫助自己釐清問題。但是事實證明，人跟猴子有時候還是很像，因為大多數的人，只要一遇到數字，就一個頭兩個大，掉入數字的泥沼中。如果你剛轉職到美妝保養品公司擔任業務工作，每個月都在努力衝業績，到了年底 11~12 月業績突然往上衝，真的不用像隻猴子一樣開心的搖尾巴，認為自己把業績作得很好，那是因為電商市場上雙 11 與雙 12 流量自然成長的關係，數字有一種「回歸至平均數」（regression to the mean）的現象，你要看的是今年雙 11 的業績是不是高於往年雙 11 業績的平均數，而不是 11 月份的業績是否高於其他月份。然而，當你身為電商業務高階經理人時，更要讓自己成為一個能善用數字系統的人類，除了評估今年雙 11 的業績是不是高於往年雙 11 業績的平均數之外，更要把投入的廣告行銷以及商品開發等成本一併納入考量，才能給予更準確的業務策略。

　　在此我們忍不住想問：人類真的比猴子會賺錢嗎？理性的決策是安全的，但是事業成功有時需要賭性堅強（尋求風險）。舉例來說，理性的決策者是不會去買樂透彩的，所以，

過去樂透彩頭獎所產生的數百位億萬富翁，都是猴子。經理人到底要當猴子還是人類，好像還沒有定論。我只能說，如果你天性是隻猴子（依直覺做決策），就多學學人。如果你天性是人（太過理性學術），有時學學猴子，可能會更有突破。

[重點思考]
1. 你覺得自己的決策風格屬於哪一種？
2. 當發現主管與自己的決策風格簡直南轅北轍時，你通常都會怎麼做？
3. 你相信數據，還是相信感覺？
4. 數據算的是期望值（平均值），用平均值做決策有比較好嗎？
5. 數據真的能代表真實世界嗎？感覺真的能代表真實世界嗎？那麼真實的世界是什麼？
6. 你覺得自己在什麼狀況下會傾向規避風險，又在什麼狀況下會傾向尋求風險？

[重點回顧]

1. **決策風格**：學者羅爾用左腦（邏輯）、右腦（關係）與思考（不明確）、行動（明確）將其分為四類型，分別為分析型（Analytic Style）、指導型（Directive Style）、概念型（Conceptual Style）、與行為型（Behavioral Style）等四類。

2. **期望價值理論（Expected Value Theory）**：古典的決策理論強調尋求最佳解，認為人是理性作決策，風險的態度是完全中立。期望值 = 機率 x 價值。

3. **期望效用理論（Expected Utility Theory）**：人們不是完全理性的人，且不同價值的金錢，對於不同人有著不同的效用且做決策時會去尋求最大的效用，期望效用 =（主觀機率 x 主觀效用）的總和。

4. **前景理論（Prospect Theory）**：也稱展望理論，人們在做決策時主觀效用與實際的獲得或損失是非線性的，而且效用遞減，同時決策所衡量的標準是來自「關心收益與損失」之間的關係。

5. **規避風險（risk-averse）**：擔心有龐大的損失，會選擇寧可少賺一點確保一定能獲利，讓損失風險越少越好。

6. **尋求風險（risk-seeking）**：當有機會能賺到更多收益時，只要可能損失的風險不要過大都會願意承擔這項風險來尋求最大利益。

7. **最小可行性產品（Minimum Viable Product, MVP）**：用最小的成本設計完成產品或服務最主要的項目，以最快速度在市場上測試。

5 / 談衡量：量化的陷阱

人是萬物的尺度，都有不同的衡量標準。

別拘泥於衡量後的些微數字差異，因為這很可能是讓你判斷失誤的陷阱。

　　某天小尼與小華站在公園裡，突然來了一陣風，小尼覺得好冷，小華覺得好涼爽。

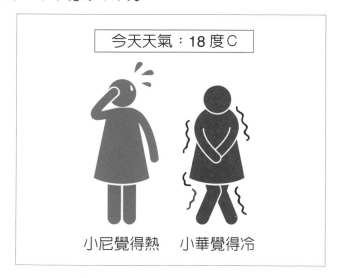

同樣的一陣風，兩人卻有完全不同的感受，這種情形常常發生在我們身邊，我們也都見怪不怪，因為我們很清楚知道每個人對溫度對氣候的感受是不一樣的，所以這陣風到底是冷還是涼，答案因人而異。

　　眞實世界存在太多難以馬上回答的問題，如：今天天氣冷不冷？怎麼挑選一家適合自己的公司？怎麼評估公司內部員工的績效？怎麼衡量學生學習成效？這些種種現象讓我們知道，我們所存在的世界裡這種難以馬上處理的問題都是屬於「非結構化」的，而人們爲了具體清楚且條理說明問題所在，該問題反應什麼現象，又可以怎麼解決，通常企業經理人在此時會採用「結構化」的量化問卷來蒐集調查與分析這些問題。

　　「非結構化」問題指的是問題本身相對複雜，沒有明確與標準答案的，且決策處理的過程沒有固定方式。「結構化」問題則與「非結構化」問題相反，問題本身的回答是有被明確定義，且具有答案是有一定範圍的。光是「今天的天氣冷嗎？」這個問題，可以回答：「是的，好冷（是非題）」，也可以回答：「有點冷（選擇題）」，甚至可以回答：「跟昨天比起來稍微冷一點，但跟大前天比起來溫暖好多，但對

我來說其實都不冷，可是我從美國來的同事一直說好冷⋯⋯
（申論題）」。所以說，這題到底是「結構化」問題還是「非
結構化」問題？聰明的我們一定知道，答案是：都是！

問題回覆方式	問題：今天的天氣冷嗎？			
是非題	是的，好冷		不，不冷	
選擇題	非常冷	很冷	有點冷	不冷
申論題	跟昨天比起來稍微冷一點，但跟大前天比起來溫暖好多，但對我來說其實都不冷，可是我從美國來的同事一直說好冷⋯⋯			

　　古希臘哲學家普羅塔格拉斯（Protagoras）說「人是萬
物的尺度（man is the measure of all things）」，意思是每個
人皆為事物的衡量標準，但每個人所衡量出來的標準卻有所
不同，因此就產生了不同的尺度。套句現代人比較聽得懂的
話就是：人衡量萬物。舉個例子，在職場工作的我們，一定
都有面臨過怎麼挑選公司的情形，小芳最近想轉職，A公司
的優點是上下班很準時不用加班；B公司是公司的產品服務
非常具有發展性，待遇也不錯，缺點就是要常常加班；C公
司則是自己擔任的職位未來有多元化的發展，且跟上司互動
感覺非常投緣。這三間公司的工作機會，在小芳面前時該選
擇哪一間公司呢？多希望有第四間公司就是能綜合前三間公

司的優點，但真實環境是根本不可能！這時候受過訓練的我們被教導可以將每個考量點分別列出來，舉例：滿意的薪資、準時上下班時間、公司未來發展性大、多元化職涯發展……等。不同的人對於這些考量點在意的項目又不一樣，因此必須把這些考量點給予一個評分的權重分數。而後再根據 A，B，C 這三間公司各自的狀況給予分數，最後給出一個參考的總分數。

小芳對於滿意的薪資、準時上下班時間、公司未來發展性大、多元化職涯發展這四個考量點的權重分數分別給予 5分、1 分、2 分與 3 分，而 A，B，C 這三間公司在這四個不同的考量點下，小芳也分別給予不同的分數。

小芳的評估	滿意的薪資	準時上下班時間	公司未來發展性大	多元化職涯發展	總分
權重（1~5）	5	1	2	3	NA
A 公司（0~10）	7	10	3	3	60
B 公司（0~10）	9	2	7	3	70
C 公司（0~10）	5	5	6	9	69

A 公司的總分是：7x5+10x1+3x2+3x3=60 分

B 公司的總分是：9x5+2x1+7x2+3x3=70 分

C 公司的總分是：5x5+5x1+6x2+9x3=69 分

若小芳本人是傾向於管理科學學派（強調決策時減少個人因素，以數學模型結果來強調管理決策的科學成分）的推崇者，很可能就會依照此公式的計算結果最後選擇加入 B 公司（70>69>60）。

數字是一個絕對的排序（strick order），但是人類的判斷，卻存在最小可覺差（兩種感受心中最小差別程度的單位，JND, Just Noticeable Difference）。小芳評估方案中 70 分與 69 分的這 1 分之差是何等重要！因為這 1 分決定了小芳下個階段的公司選擇，到底這 1 分，是不是真的能幫助小芳分辨出 B 公司的選擇是優於 C 公司的？！還是其實小芳早就打定主意要去 A 公司，因為她就是想要去一個能夠準時上下班的公司？就像是主管績效考核的 3.85 分與 3.9 分，因為 JND 的關係可能這 0.05 分的差距也沒有實質上任何具體差異，但是卻決定了員工績效的好壞與前途。人的行為與數字很不一樣，真的可以單以數字來衡量人的行為與決策嗎？更何況最

小可覺差其實是一個統計值，而非標準值，也就是每次衡量中同一個人的最小可覺差會是浮動的，因此建議你可以多留意你所在公司的績效考核程序，考核程序的公平與否就在於這個流程的設計是否考量夠完善。

此外，數字有遞移性（D=E, E=F 則 D=F），而人的行為判斷則沒有。像是小芳面對三個品牌的車子，品牌 D（售價 160 萬元，高品質）、品牌 E（120 萬元，中品質）、品牌 F（80 萬元，低品質），如果小芳的決策準則是價差 40 萬元選品質較高的品牌，價差 80 萬元選售價較低之品牌的話，就會出現 D>E（價差 40 萬元，選擇 D 品牌），E>F（價差 40 萬元，選擇 E 品牌），但是 D<F（價差 80 萬元，選擇 F 品牌）的狀況，此時小芳可能連個喜好順序都排不出來。如果是這樣，經濟學理論基礎的無異曲線（indifference curve，整條線上的喜好都一致）並不存在，你還相信無異曲線所推導出的經濟學管理原則嗎？

設計完善的衡量尺度可以幫助自己看清楚問題

人總是能指出重要的因素（例如：選公司時會考慮滿意的薪資與準時上下班時間……等，買車時會考慮價格與品

質），但是對於處理矛盾因素的能力卻是奇差無比，如果一個判斷牽涉到兩個以上的因素或是指標的算數運算，數字所代表的意義更是難以理解（例如：小芳到底是選 B 公司好還是 C 公司好）。這時我們必須充分瞭解人如何衡量萬物，「衡量」是進行資料分析之前的主要工作，而資料的性質則可根據衡量所用的尺度（scale，有時也稱指標）來決定，也就是說衡量尺度的判斷與選擇會充分影響資料分析的結果，根據**衡量理論（Measurement Theory）**，衡量的尺度可以分做以下四種：

1. **「名目尺度」（nominal scale）**：只是個名目，也就是被觀察者有某一種特質或類別屬性，將該被觀察者歸屬於該類別。例如通常將人們的「婚姻狀態」分為這四類：未婚、已婚、離婚、喪偶。進行資料分析時，則會給予這四類分別以一個數字來代表，1 未婚、2 已婚、3 離婚、4 喪偶，這邊的數字沒有任何順序性，大小或強度的關係，單純為類別的編號，簡而言之對這些數字做加減乘除計算是沒有任何意義的，就是把 1+2+3+4 是沒有意義的。當我們對於名目尺度進行設計時，需充分掌握「互斥（Exclusive）」與「周延（Inclusive）」兩大原則。互斥的意思就是類別之間必須完

全相互排斥，不會有模稜兩可或重疊的選擇，若從前述婚姻狀態來看，不會有一個被觀察者的婚姻狀態選項既是 2（已婚）又是 3（離婚）。而周延的意思是該變數所設計的所有類別屬性會包括所有的可能性，不會有遺漏的現象產生，若從前述婚姻狀態（就是所謂的變數）來看，被觀察者的婚姻狀態一定可以在 1~4 當中挑選出其中一個類別。一個好的名目尺度（指標）的設計必須充分掌握這兩大原則，若有發生其中一項缺失，則該衡量設計就必須重新檢視。

2.「順序尺度」（ordinal scale）：除了具有名目尺度的類別意義之外，還具有順序大小的關係意涵，但該種尺度同樣還是無法加減乘除，例如：大學教師的層級類別可以 1 正教授、2 副教授、3 助理教授、4 講師做為代表，這個數字有職級順序的意涵，也就是我們可以「降冪」或「升冪」方式排序，但若把 1（正教授）+2（副教授）＝ 3（助理教授）相加則是毫無意義。此外，設計順序尺度時，一樣也需遵循「互斥」與「周延」兩大原則。

3.「等距尺度」（interval scale）：指間隔等距的尺度，是具有「標準化單位」的衡量指標，因為有標準化的單位才能實際衡量相差的單位數量，等距尺度有一項重要的特性就

是具有「相對原點」的概念，而沒有「絕對原點」，例如溫度攝氏 0 度不是沒有溫度而是數字 0 度（這個溫度換成華氏，就不是華氏 0 度了），溫度攝氏 2 度跟 1 度，我們可以說溫差 1 度（2-1=1），但不能說溫度 2 度是 1 度的兩倍熱（也就是相乘除是沒有意義的）。等距尺度的衡量工具，也經常被我們用來研究人類社為行為科學，例如衡量員工的工作滿意度，不同員工給予滿意度分數的高低代表對工作滿意程度的差異。

4.「比例尺度」（ratio scale）：這個尺度是在等距尺度具有「標準化單位」的衡量指標之上，同時還有「絕對原點」的概念，可以用來做數學加減乘除的運算，例如重量 0 公斤就是沒有重量，2 公斤的蘋果是 1 公斤的兩倍重，20 歲年齡是 10 歲年齡的兩倍。這樣的尺度可以算出「比值」在數學上就具特定意義，故比例尺度在社會行為科學應用非常廣泛。

你有沒想過，我們在做績效評估時所用的數字是屬於何種尺度？如果是用數字 5~1 代表「優佳可差劣」五個等級的話，可能只是一個順序指標，因我們不能說「優」比「佳」好的程度與「差」比「劣」的程度相當（間隔不等距），或

是 4 分是 2 分的兩倍好的話（不具有絕對原點），後面的統計分析都不具任何意義，更何況是來做績效考核的指標。

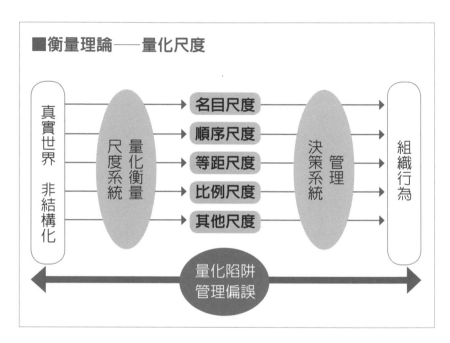

■ 衡量理論——量化尺度

真實世界　非結構化　→　尺度系統　量化衡量　→　名目尺度　順序尺度　等距尺度　比例尺度　其他尺度　→　決策系統　管理　→　組織行為

量化陷阱
管理偏誤

有時候影響重大決策的因素一個就夠了

如果評估指標牽涉到多項因素與權重的話，那可要更注意了！許多時候只要任一項好就是好，但也可能一項壞就是壞，因為這與影響因素的權重分數有極大的關係。從上面小芳最近想轉職的例子中，若小芳因為家庭經濟問題需要有更

多的收入，考量點中的「滿意的薪資」就成為最關鍵的因素，也就是只要哪邊薪資條件夠好，小芳就去那邊就職。若小芳因為自己晚上另外有進修必須準時下班去念書，則考量點中的「準時上下班」就成為最關鍵的因素，這就是「一項好就是好」的情況。

然而，評估企業的資訊安全時若許多方面都整體考量完整，包含軟硬體防護措施，資料加密與備援機制等都完善佈建，唯人員進出監管部分出現漏洞，資訊安全仍舊會有重大威脅，這就是「一項壞就是壞」。

此外如果你現在同時也是家長身分，你可能也會發現有些家長認為孩子要樣樣好才是好孩子（琴棋書畫樣樣精通），但是也有些人認為只要一項好就是好，後者便是多元卓越適性發展。到底怎樣才算好？真的因人而異。

注意！你看到的資料可能不是真，但最終它卻會嚴重影響你的生活！

請注意，在衡量理論中也提到進行衡量時如果被衡量的概念（或變數）本身是非常模糊且難以定義的時候，此時被

觀察者的行為在衡量時必定會受到影響，白話來說就是：**你看到的數據資料可能不一定是真實世界的樣子，但最終它卻會嚴重影響你的生活。**

當企業人資部門要衡量員工的工作滿意度，員工被要求要填寫「工作滿意度量表」，因為知道這份量表最後會呈給公司最高層主管查閱，員工在填答時就會盡可能填寫主管想看的答案，而非自己內在的真實感受（明明對目前專案夥伴感到很不滿意，卻因為想塑造自己是有團隊精神進而寫了與內心想法不一致的答案），而後產出一份相當漂亮的分析結果。

另外，我們甚至也耳聞一些奇妙的現象，上市櫃公司需要通過資訊安全認證，資安稽核人員來訪的前一天公司資訊部同仁可能整天都在忙於「梳理」公司的資料，目的也是要整理出漂亮的資料。

看懂這些事情後的我們不用覺得奇怪或驚訝，因為這就是真實世界，當我們越來越社會化的時候就會發現，原來真實世界很多事情都是先有預期的結果，再來反推該有的數字，是不是有點諷刺？

量化數據與統計指標不代表真實世界，但卻會影響組織行為與決策，因為人們可以「做數字」。當「破案率」作為警察的績效時，有人就會吃案以提升數據。企業以當季業績作為績效指標時，人們便會犧牲長期利益，以換取當季指標的最佳化。學生好壞的單一指標是考試成績，學生只好猛K書。以上這些屬於**顯性量化陷阱**，也就是這些陷阱是被衡量者知情狀況下所產生的。

　　還有一些狀況屬於**隱性量化陷阱**，你有沒有發現當自己心情不好又接到市調電話時會很想立刻把電話切斷，若心情還不錯，就很可能可以跟市調人員聊上兩句話，心情好或不好只有你知道，市調人員並不知曉，但卻影響了市調的結果。有些研究談到「天氣會影響消費者街邊購物的意願」，例如下雨天會影響消費者的心情進而影響消費，有人喜愛雨天，有人討厭雨天，如果你是街邊店家的經營者一定會發現，下雨天本質上就難以進行逛街購物，因為消費者有其中一隻手需要用來撐傘（短暫躲雨的狀況例外，我們不在此討論），因此影響了消費結果。

　　此外，如果你有舉辦過活動或許有經驗，通常「實際參與活動人數」比上「報名人數」一定要打折，而且折數還不

小呢！我們也都知道，願意報名表示要參加活動的參加者，在報名的當下肯定是有參與意願的（有些是主動有意願、認識人脈，或人情關係捧場參加……等），但最終因為其他因素在活動實際當天卻沒法出席（可能是生病忘記，或者工作太多……等），因此我們無法從「報名人數」或「實際參與活動人數」推估該活動受歡迎的程度，活動當天的特殊狀況也影響了活動參與情況。以上這些都是被衡量者在非有意狀況下卻讓資料無法忠實呈現的**隱性量化陷阱**。

參考量化數據來做決策是一般企業經理人的日常，這邊我們要提醒大家千萬注意這些量化數據背後藏著的陷阱，別被它們蒙蔽了你的雙眼！

[重點思考]

1. 你相信選舉的民調嗎？你覺得什麼方式進行民調會更好？

2. 如果你身為企業主管要進行員工考績評估，你會參考哪些指標？這些指標數據是怎麼來的？

3. 說說看日常生活中你曾發現的量化陷阱。

4. 很多企業都希望自己是「幸福企業」，如何衡量一間企業是不是「幸福企業」呢？嘗試說說看你心中認為的「幸福企業」應該具備哪些條件，這些條件在你心中的權重是否有差異？

[重點回顧]

1. **「非結構化」**問題指的是問題本身相對複雜，沒有明確與標準答案的，且決策處理的過程沒有固定方式。
   「結構化」問題則是問題本身的回答是有被明確定義，且具有答案是有一定範圍的。

2. **最小可覺差**：兩種感受心中最小差別程度的單位，英文常以 JND 表示，是 Just Noticeable Difference 之字母縮寫。

3. **衡量理論中有四類尺度**：「名目尺度」（nominal scale），「順序尺度」（ordinalscale），「等距尺度」

（interval scale），「比例尺度」（ratio scale）。

4. **互斥（Exclusive）**：類別之間必須完全相互排斥，不會有模稜兩可或重疊的選擇。

5. **周延（ Inclusive ）**：是該變數所設計的所有類別屬性會包括所有的可能性，不會有遺漏的現象產生。

6. **量化陷阱**：分為顯性與隱性，前者是這些陷阱是在被衡量者知情狀況下所產生的，後者則是陷阱出現在被衡量者自己都不知情狀況下所產生的陷阱。

6 / 談主觀：得失之間的主觀價值

每個人對得與失的主觀價值認定都有不同，所以多數的人生
問題與企業決策都是無法重複的。

最近莫姐公司計畫要與 A 資訊公司聯合提案，兩家公司
一起前往拜訪客戶瞭解專案項目內容回來之後，A 公司的業
務副總 Vivian 跟莫姐說：「按照我的經驗判斷，我們要拿到
這個客戶專案的成功機率大概只有 5%，講的更直接一點幾
乎是沒有勝算。」莫姐公司大老闆知道後覺得 Vivian 太過主
觀，做業務應該是有機會就要去嘗試才對……

上面這樣的對話情景，在職場工作的我們應該或多或少
都會遇到，經理人強而有力的主觀判斷常會讓身邊的人摸不
著頭緒，因為這一切只來自於經理人「對於事件發生主觀相
信的程度」。也就是 Vivian 相信拿到此專案（事件發生）
的機率只有 5%，但到底 Vivian 的判斷值不值得被採信這就

沒有標準答案，因爲任何管理上的決策事件都屬於單一事件（one-time event），無法重複實驗，因此如何選擇就是考驗經理人的智慧，通常理性客觀的經理人會從可能的獲得與可能的損失來加以評估，作爲後續決策的參考。

美國科幻電影《明日邊界》（Edge of Tomorrow）談的時空迴圈的題材，男主角湯姆克魯斯在當中不斷死而復活上百次，從原本是軍隊裡的菜鳥因爲時間重置可以「多次重複實驗」，進而變成軍隊裡的戰將。這主題跟打電玩一樣，有死不完的命可以讓玩家練各種技能，但眞實世界中可不是這樣，上帝最公平的一件事就是讓每個人都只有一條命，也都會生老病死，所以你我人生中多半遭遇的問題都是無法重複試驗的。

回想我們在學校管理學院的課程中，機率統計大概是被當人數最多的一門課，因爲多數人的數學沒有那麼好，而這門課用了很多數字，讓許多經理人可說是用得糊里糊塗。機率統計是數字，一旦變成數字，數學家便搞出許多深奧的公式出來，公式越複雜，假設越多，離眞實世界也更遠，然後統計學也越難。其實學校教的統計道理很簡單，眞實世界是母體，因爲許多情況是未知，所以用實驗室中的抽樣實驗來

猜測真實世界的情況。像是我們不知道工廠生產出來的燈泡平均壽命有多長，於是在實驗室中抽樣，來猜測真實的情況。過去經驗告訴我們，這些推測的結果還不錯。但是如果遇到無法重複實驗的單一事件，就需仰賴主觀機率的判斷，但是學校卻沒真正告訴我們：多半人生問題與企業決策都是無法重複的！

學校沒教的不表示它就不重要

接下來我們用一個案例來說明機率統計的主要三個學派：1 古典學派，2 次數學派，3 主觀學派。每年都有很多年輕的社會新鮮人想要應徵進入台積電公司工作，假設有 100 人應徵，只錄取 10 名，那「你」應徵上台積電的機率是多少？

1. 古典學派：這個學派會告訴你，機率是 10%，因為每十個人只有一個人上。這是一個完全理論上的機率問題，像是丟一個完全沒有瑕疵的銅幣，出現正面的機率就是二分之一。

2. 次數學派：這個學派會告訴你，當你應徵過三十次後，我就知道你的錄取率了。因為你只應徵這一次，無法大

量重複實驗，所以無法判斷你應徵上的機率。這個學派主張需要能夠「重複做實驗」，例如：當我們無法確定這枚銅板是否完全沒有任何瑕疵，但我們將它連續丟了 1000 次，便能知道出現正面的機率，其結果會越來越接近古典機率的答案，二分之一，這便是統計學中所謂的的「大數法則（Law of Large Number）」。這學派在二次世界大戰時因有許多戰備物資生產與品管而大行其道，成為現在教科書中的主流，

3. **主觀學派**：這個學派會告訴你，由你的主觀感覺認定，相信應徵上台積電的機率是多少就是多少。如果你在校專業科目學習成績優良，畢業專題與社團表現成果卓越，應徵上台積電的信心可以是 100%。如果你是打混摸魚渾渾噩噩畢業，自己毫無專業擅長可言，應徵上的機率大概就是零。不過，人們對於小機率的事件通常都會過分樂觀，所以有人（貝氏 Bayesian 學派）建議，你的信心只是初步主觀的機率（Prior Probability），你必須觀察應徵上台積電的人與你相似背景的人多不多（Likelihood Experiment），進而來調整你的主觀成為觀察後的機率（Posterior Probability）。這個學派在學校教統計的時候論述篇幅並不多甚至容易被忽略，但是它卻非常重要。

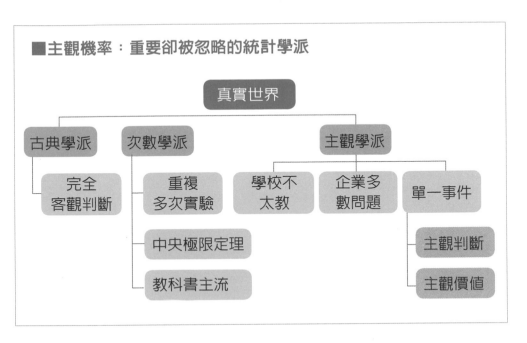

■主觀機率：重要卻被忽略的統計學派

真實世界

古典學派 — 完全客觀判斷

次數學派 — 重複多次實驗 — 中央極限定理 — 教科書主流

主觀學派 — 學校不太教 — 企業多數問題 — 單一事件 — 主觀判斷 — 主觀價值

　　統計中一項重要的「中央極限定理」，也就是當我們從母體中能「多次重複」抽樣實驗時，只要樣本數夠大，多次重複抽樣的平均數分配（sampling distribution）會呈現鐘型分配。你不必理會定理，但是要注意「多次重複」這幾個字。如果管理事件無法多次重複抽樣，必須考慮主觀學派。

讓數字以圖表來說故事

　　不過，當高階經理人做決策在無意識中還是以主觀機

率認定的狀況下，他們往往都還是會先參考許多統計分析數據與圖表等客觀資料，並與他們過往的經驗加以綜合給予判斷，這也就是為什麼統計數據分析如此重要。統計學家為了方便運算發明「平均數（所有數字相加後的平均值）」與「標準差（組內數值離散的程度值）」兩個奇怪的數字，而這兩個數值幾乎是所有分析資料的最基礎指標。我們用以下這個公司部門員工年資的例子來看，部門一與部門二都有 7 位員工，年資平均數都是 7.86 年，經理人如果單看這個數字會覺得這兩個部門的員工工作穩定度都很一致，但我們再來看細部資料便會發現事實並非如此：

部門員工年資							平均數	標準差	中位數
部門一	5	7	7	8	8	10	10	7.86	1.77	8
部門二	1	1	1	2	10	20	20	7.86	8.90	2

　　部門一員工的標準差是 1.77 年，部門二的標準差是 8.90 年，從標準差可以知道，部門二的年資分散程度大約是部門

一的 5 倍，標準差越大代表組內成員的狀況越分散，在這邊指的就是年資的差異性越大。然而從這些指標數值，數學不好的經理人可能還是無法一眼看出當中問題點。這就是為什麼需要圖表呈現，對多數經理人而言，圖表的意義，絕對大於來自於複雜公式所計算出的數字，經理人學統計應該回到原始資料的圖表開始，能用圖表的就不要用數字，更要避免用複雜的公式，因為越複雜的公式，就越失真。

我們從以下這張部門員工年資折線圖的呈現方式，立即就可以辨別出部門一的員工年資是相當接近的，因為其折線圖的線條相當平穩，部門二的員工年資就差距甚大，因為它的折線圖高低起伏狀況非常明顯。再來看另一個指標「中位數（一組由小到大的數列中，位置在最中間的那個數字）」的意義，當中位數與平均數相差很大的時候（部門二的平均數是 7.86，中位數是 2），代表資料中有極端值才會使得平均數靠向極端值。

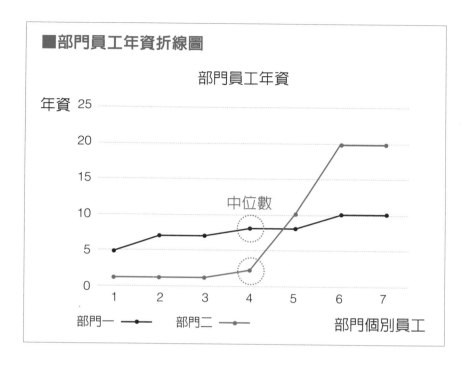

■部門員工年資折線圖

部門員工年資

年資 25

20

15

10 中位數

5

0

1　2　3　4　5　6　7

部門一 ●━━●　部門二 ●━━●　　部門個別員工

　　因此，當我們看到這則訊息：行政院主計總處公布的
110年工業及服務業受僱員工全年總薪資「中位數」為50.6
萬元。若以110年全體受僱員工平均人數813萬人估算，我
們可以馬上瞭解有406.5萬人的年所得低於50.6萬元。在這
個統計數字中很顯然的，「中位數」的代表性與重要性遠超
過「平均數」，因為我們都知道有錢人的收入是遠遠超過一
般人，若以平均數（67.0萬）作為政府估算人民所得時，恐
會高估全民的年所得，因為政府要看的是全體民眾的生活水
平，而不是民眾的平均生活水平。

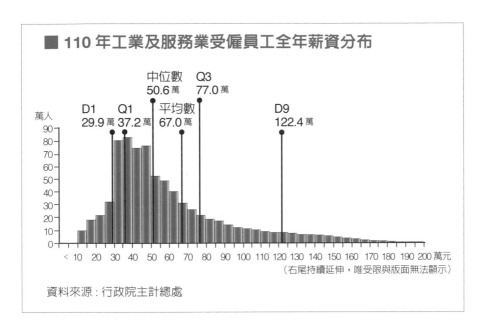

■ 110 年工業及服務業受僱員工全年薪資分布

資料來源：行政院主計總處

　　許多經理人在做企業決策時，都會參考許多產業調查報告（Likelihood Experiment，概似實驗），譬如建立品牌，過去許多企業成功的機率並不高，因為從產業報告中可以看到建立品牌的過程要花費的成本與投入心思太多，通常在品牌知名度還沒建立起來之前多數企業就不堪負荷而放棄了（這是對已知事件的觀察）。但是企業關心的只是自己的品牌計畫（單一事件），企業主會思考如果自己的產品有特色，行銷手法得宜，建立品牌成功的機率將遠遠大於市場調查的平均值。

人是善變的，有時候是賭徒有時候卻是膽小鬼

不過，值得注意的是，在第四課我們討論過「期望效用理論」談的就是決策者自己主觀認定的價值，不同的人對於同一個產品會有不同的價值效用認定，也就是人有時候客觀理性有時候卻非常主觀，一句話怎麼講（想），也會影響到人們的主觀機率判斷，這可以從第四課我們談到的前景理論（Prospect Theory）中看到更深入的探究。

之前內容在前景理論部分，我們談到決策者所衡量的標準是來自「關心收益與損失」之間的關係，當決策者心中有參考點時，面對自己認為「高收益」及「低損失」時會規避風險，而「低收益」及「高損失」會追求風險。在這裡我們進一步來談前景理論的幾個重要觀點：

1. 得與失的不同主觀價值曲線（subjective value）：人在考慮獲得（gain）時會呈現一種「凹」（concave）的邊際效用遞減的曲線，是一種**規避風險**曲線。人在考慮損失（loss）時會呈現一種「凸」（convex）的邊際效用遞減的曲線，是一種**追求風險**曲線。譬如一位經理人決定留在台灣，如果自己心中想的是沒去美國發展的損失；去了美國發展，想的卻是台灣的親人，這種導向「損失」思考模式會讓人處

在追求風險狀態，也就是更願意參與高風險高報酬的工作機會。但如果做了決定後想的都是現在的好（獲得），就會是一種傾向規避風險狀態，也就是盡可能讓自己安定於現在這份工作中來維持延續現在的獲得。若我們以本文一開始「莫姐公司計畫要與 A 資訊公司聯合提案」的案例來看，A 公司的業務副總 Vivian 考量的是拿到案子的機率（獲得），就會傾向於規避風險，也就是既然得到該專案的機率很低就不要承擔風險；莫姐公司大老闆考量的是若直接放棄沒有爭取拿到這個案子就會損失一大筆收入（損失），就會傾向於追求風險，主張要大膽嘗試競標此案。

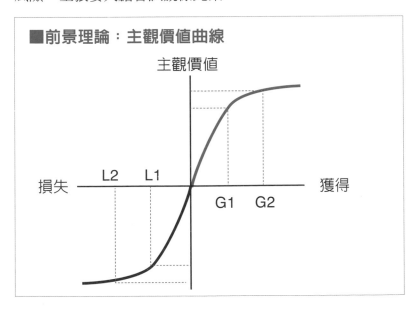

■前景理論：主觀價值曲線

2. 參考點是自己決定的：我們覺得這個理論最有趣的地方是一件事情到底是失還是得，取決自己的參考點，而且參考點還因人而異。譬如與老闆談判薪水，希望由八萬升到十萬，談判的結果是九萬。如果參考點是期待的十萬，就是「損失」一萬元，可能會追求風險而離職。如果參考點是現在的八萬元，便是「獲得」一萬元，就會知足常樂而規避風險心甘情願留在這家公司繼續工作。

人生不也是如此，吃虧就是佔便宜，得與失之間，追求風險與規避風險的行為常常取決你的參考點。經理人也可以操弄參考點，以改變他人的價值認知，如看房子先帶你看差的（參考點），再看同等價位的一般房子，你就會有賺到（獲得）的感覺而規避風險購買房子。

3. 獲得與損失越大，主觀價值則遞減：我們從這張主觀價值曲線圖來看，當實際獲得從 G1 變成 2 倍 G2 時，主觀價值的增加程度並沒有一樣也增加 2 倍；當實際損失從 L1 變成 2 倍 L2 時，主觀價值也一樣沒有對應成為 2 倍。過去曾經有研究指出，年收入超過 7.5 萬美金之後，幸福感增加的程度就越來越小（在此主觀價值定義為幸福感），可以想像年收入 30 萬美金的人的幸福感，不會是 15 萬美金的人幸

福感的兩倍。同樣的，如果投資一項生意賠了 1 億的痛苦感
（在此主觀價值定義爲痛苦感），跟賠 2 億的痛苦感是相當
接近的，因爲當賠錢的一大筆數字（1 億）已經遠超自身過
償還能力時，若再繼續賠更多的痛苦感就沒有那麼明顯了。

4. 人的主觀容易錯估機率： 另一項觀點則是將機率轉換
成主觀決策權重（decision weight），下頁圖是機率與決策
權重間的關係，人們傾向過度強調小機率，而低估高機率。
所以在買樂透彩時，不小心陷入賭徒心態都會高估自己中獎
的機率導致過度自信；我們可能也曾經歷過當老闆交辦一個
看似艱鉅的任務給我們時，我們會因爲焦慮不安而低估自己
的達成能力。這些都是事件來臨時，因爲不確定而產生的判
斷偏誤。

人的主觀其實都在有意識無意識當中影響了自己的決
策，身爲經理人的你，當每天都在面對各種的決策選擇時，
請切記不要讓一堆數字迷失了你的客觀判斷；而身爲職場新
人的你，一定要明白圖像視覺化呈現永遠比數字來得容易閱
讀，也就是你務必讓自己手邊的數字資料能透過圖表說出令
人印象深刻的故事，打動你的客戶或上司。

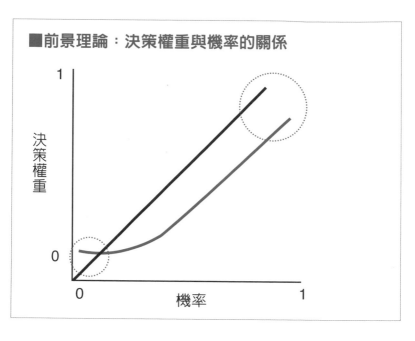

■前景理論：決策權重與機率的關係

決策權重

機率

[重點思考]

1. 想想生活中哪些狀況，你是屬於次數學派？又在什麼
   狀況下，你是屬於主觀學派呢？
2. 主觀機率的判斷，常會參照與當下狀況相似的案例做
   為參考依據（Likelihood Experiment），嘗試舉出在
   這樣的狀況下產生的偏誤有哪些種類？

3. 當你發現有一間相當優秀的公司正在招募新人，但你又很滿意現在的工作時，你是否考慮過要嘗試這個新工作機會呢？
4. 為什麼中央極限定理要強調必須「多次重複」抽樣實驗？若重複抽樣次數太少會產生什麼狀況呢？
5. 嘗試從生活中舉出「平均數」與「中位數」的代表意義。
6. 你生活中有沒有發生過低估高機率或高估低機率的狀況呢？那是什麼情況呢？

[**重點回顧**]

1. **機率統計的主要三個學派**：（1）古典學派：完全理論上的機率問題，（2）次數學派：統計學中所謂的的「大數法則（Law of Large Number）」，需要多次重複抽樣，（3）主觀學派：主觀感覺認定。

2. **重要的統計數值**：平均數（所有數字相加後的平均值），標準差（組內數值離散的程度值），中位數（一組由小到大的數列中，位置在最中間的那個數字）。

3. **主觀價值曲線**：從獲得與損失考量，前者為規避風險曲線，後者為追求風險曲線。若獲得與損失越大，主觀價值則遞減。然而參考點是自己決定的，因此是損失或獲得也是因人而異。

說服與影響力

· 個人有效的說服發揮極大的影響力。

· 媒體影響力造成更大的知識鴻溝。

7 談說故事：
求真還是求美？
· 故事結構
· 故事的影響力

8 談說服：
思辨可能模式更有效
· 說服傳播模型
· 思辨可能模式

9 談印象管理：
做什麼要像什麼
· 戲劇理論
· 印象管理策略

10 談領導：
經理人 vs. 領導人
· 領袖特質
· 領導情境與行為

11 談媒體依賴：
影響力怎麼來？
· 使用與滿足
· 媒體依賴理論

12 談知溝：知識分享
擴大知識鴻溝
· 知識鴻溝理論
· 新媒體影響

　　人與人互動過程中,當觀點不一致時,我們常希望他人接受我們的論點,他人也希望說服我們接受他的看法。這篇我們從人與人實際溝通互動的影響力開始談論,進而討論了媒體的影響力。從小我們都喜歡聽故事,故事有角色與劇情讓人有共鳴,有想像空間,以及有同理與聯想。進入到大人的世界中,我們從聽故事的人變成講故事的人,因為我們知道善用故事的力量,將自己想傳達的思維放入故事中,受眾的記憶與接受度會非常高,這也是本書每章內容我們都用一則故事來讓讀者更了解每章重點意涵的原因。

　　從聽故事的人變成講故事的人,就要懂得說服的思辨可能模式,了解你的受眾對象是誰,是同事主管或下屬,或是社會大眾,都有不同的表達方式。印象管理告訴我們:做什麼就要像什麼,甚至在不同情境要用不同的印象管理策略,因為人生如戲,在不同的劇場中,有時自己扮演的

是台上的主角、配角，有時自己扮演的是台下的觀眾。情境理論也讓我們知道不同的情況要有不同的領導與管理模式。

依照使用與滿足理論，人們為了滿足各自的需求，主動挑選自己想要的資訊媒體來使用。但我們也想告訴你，當看到一齣對你而言是全新領域的戲劇時，請先不要有抗拒收看的心理，因為知識爆炸的時代，知識鴻溝就隱藏在這裡，習慣領域造成的鴻溝會像溫水煮青蛙一樣讓你在渾然不知的狀態下走向滅亡。

本篇共有六章說服與影響力理論談論上述意涵，希望受用。

7 / 談說故事：求真還是求美？

故事是說給想聽故事的人來聽。
故事怎麼講才好聽？要看聽故事的人想聽什麼。

幾年前莫姐全家老少一同到日本東京迪士尼樂園遊玩，為了玩得過癮就買了三天的套票。旅行時莫姐都會帶著一支自己非常喜歡而且用了好多年的太陽眼鏡，這支眼鏡陪著她到過好多地方。當第一天坐完遊樂設施——飛魚雲霄飛車之後，莫姐發現自己放在上衣口袋的太陽眼鏡不見了！大夥找了老半天沒找到，唯一的可能就是在搭乘雲霄飛車時，因為設施速度快又猛，放在口袋的太陽眼鏡給飛走了。偌大的一個地方怎麼找一支太陽眼鏡？莫姐心裡很捨不得，但大夥還是決定不花時間找了，難得來一趟東京迪士尼樂園，當然還是要把握時間繼續玩下去。

第一天離開樂園回飯店的路上經過迪士尼樂園的服務中

心，孩子說要進去問服務人員有沒有撿到媽媽（莫姐）的太陽眼鏡，進去跟服務人員比手劃腳講了老半天，當然是沒有撿到，不過服務人員也很好心的將相關資訊（眼鏡品牌與顏色，以及遺失地點等）記錄下來。

隔天莫姐全家繼續在迪士尼樂園拚命玩樂消費，晚上離開樂園回飯店的路上一樣經過同一個服務中心，孩子突然想到前一天的太陽眼鏡，堅持要進去再問問有沒有找到，莫姐內心早已放棄但還是配合孩子的要求進去服務中心隨口問了一下，服務人員只簡單回覆要大家稍等一會兒，這一等就等了半小時。

當大夥快沒有耐心等下去的時候，另一個服務人員從服務中心側邊小門悠悠的走進來，手裡竟就拿著莫姐遺失的太陽眼鏡！服務人員微笑著問到，是不是就是這支太陽眼鏡。全家人張著大大的嘴巴，天啊～太不可思議了，前一天消失的太陽眼鏡竟然出現在大家眼前！

這麼多年了，莫姐全家每當聊起到迪士尼樂園旅行最深刻的回憶時，這個太陽眼鏡事件一定會被全家人又再回想一次，當然又再一次讓全家人對迪士尼樂園貼心細緻的服務感到由衷佩服與感動驚喜。

我們都知道迪士尼樂園的高優質服務是許多服務業的教科書案例，如果今天課堂上老師告訴我們：迪士尼有紮實的員工服務培訓計畫，每個員工到職後都會有一本規則手冊，裡面詳細介紹公司的歷史，理念以及想傳承的文化與精神等，整堂課如果都聽這些教條式企業規範與制度（也就是一堆事實規章），包準大家下課後什麼都忘了，充其量只記得課堂上的案例是迪士尼樂園。然而當大家聽完上面這則「莫姐遺失的太陽眼鏡」故事後，都能清楚這是一則消費者講給消費者聽的故事，聽眾也不會去追究故事的真實性（其實它是真實故事），而這個故事讓身為遊客的我們在短短幾分鐘當中對迪士尼樂園整體客戶服務品質立即留下深刻的印象。

日常生活我們在溝通對話時會使用一些成語，仔細想想這些成語都是有故事的，例如：千金一笑、東施效顰、臥薪嘗膽、三顧茅廬……等，這些成語一出口，大家不僅知道話中意思，更可以立即想到關於該成語的歷史故事，包含這則歷史故事的主角，情節內容等。說故事其實是源自於人類的天性，原始人類就懂得利用語言、聲調、手勢、壁畫來敘述一些事件，所以人們最原始的溝通模式靠的就是故事，使用的媒體是聲音、手勢肢體語言、與圖畫，久而久之這些有

意義的歷史事件流傳到後世，成為後人口中相傳的經典故事了。

如果從故事的發展結構來說，也有幾項研究：

1. 故事的內容：Pennington 和 Hastie（1986）認為故事闡明了目標（goals）、行動（action）、結果（outcomes）。

2. 故事的角色與情節：Kennech J Gergen 和 Mary Gergen（1988）認為故事的戲劇性要視故事情節的高潮迭起幅度；Deighton et al.（1989）認為故事包含敘事者、情節、與角色。

3. 故事的因果：Jerome Burner（1990）認為故事中所有角色、事件等所有故事的要素，都能夠透過各種因果關係找出彼此之間的關聯。

綜合以上的概念，Jennifer Edson Escalas 於 1998 年提出衡量故事結構的量表（Narrative Structure Coding Scale），主要有五大要素：

1. 因果關係（causal relationships）：故事中的因果是否都有交代。雖然故事中的情節要符合因果關係，許多時候留一些想像空間，不需要講得太清楚，反而更吸引人。

2. 時序性（chronology）：故事中的時序是否包括了起承轉合的發展。傳統故事多半是依照單一時間的先後次序來發展，但是現代的故事多半是多時序以及前後錯亂，一會兒現在、一會兒過去，反而能吊聽故事者的胃口。

3. 角色發展（character development）：是否描述了故事中角色的成長與改變。此外，過去的故事主要是單一男女主角，多個配角，但是現代故事多半是多個男女主角，故事在不同的男女主角間跳越。

4. 知覺程度（landscape of consciousness）：閱聽者是否能與故事中的角色產生共鳴，能感受得到故事角色的想法與感覺。

5. 特殊事件（particular events）：是否故事不只陳述一般現象，更專注於某一特殊事件的闡述。

善用故事的力量，將你想傳達的思維放入你的故事中

平時聽老師上課或專題演說的時候，聽到的理論重點知識通常是枯燥的，台下的學生或聽眾聽過去很容易就忘了，因為規章教條讓人心生抗拒，聽眾容易關閉心門。人們

通常都喜歡聽故事，原因是故事能夠打動人心（角色發展或認同）、產生共鳴（知覺程度）、並且讓人記憶深刻（特殊事件），當講者在講故事的時候，聽眾通常不會在意這個故事的真實性，聽眾喜歡聽到故事有趣的、驚喜的、轉折的，甚至是感人的段落，而這些故事感染了聽眾的情緒，情緒影響了思維，最後成為影響聽眾甚至是影響企業組織決策的關鍵，這才是故事的力量。以下這些狀況就是讓我們知道為什麼說故事比說事實來得更有影響力：

1. 想要加深別人對自己的印象時：試想一下，面試新工作時如果一味的陳述自己做過的產品項目，具有哪些證照，會哪些程式語言與工具……等，這些內容不是不好，而是沒辦法加深面試官對你的印象（沒有記憶點），此時不妨講述一個自己經歷過的真實故事，例如：在短期內如何完成一項高難度的服務，將自己最想表達的特質描述在這個故事中。

2. 遭遇兩難或陷阱時：在職場工作的我們有時難免會面臨被要求要做出選擇，兩個方案到底是 A 方案好，還是 B 方案好？主管希望你選擇 A 方案，客戶希望你選擇 B 方案，但你自己的心中還沒有最適合方案或有其他更好的方案選擇時，講個婉轉親和的小故事給對方聽，將你的答案（C 方案）

放在故事情境中，這個故事一定可以幫你解圍。我們都聽過一個有趣的對答：一張 100 元（A 選項），與一張 1000 元的鈔票（B 選項）掉在地上，你要撿哪一張呢？聰明的我們當然是兩張都撿起來啊（C 選項）！

3. 隱晦的引導對方接受自己的想法：工作中如果一味向你的團隊表達自己的方案有多好，容易讓聽者感到抗拒，或者容易讓下屬對你產生過度的依賴導致團隊無法創新與成長。此時倒不如講一個故事引導團隊進入你想要的思考模式。我們都聽過最初龜兔賽跑的故事，烏龜因為堅持下去所以贏了兔子。但後面龜兔賽跑還有續集呢，當我們要強調「速度」的時候，第二集龜兔賽跑兔子這次不懶惰穩定又快速的贏得比賽。當我們要強調「善用優勢」的時候，第三集的龜兔賽跑，烏龜提議改變比賽的跑道，中間加入了一條河，烏龜可以輕鬆過河所以烏龜贏了。當我們要強調「團隊合作」的時候，第四集的龜兔賽跑，兔子扛烏龜在陸地上跑，烏龜背兔子過河，最終兔子與烏龜用了最短的時間一起到達比賽終點。這讓我們知道，其實故事是怎麼講都可以，重點是將你想傳達的思維放入你的故事中，讓聽眾透過故事聽到你的想法。

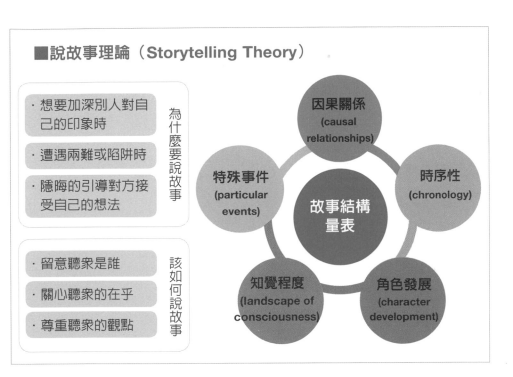

■說故事理論（Storytelling Theory）

為什麼要說故事
- 想要加深別人對自己的印象時
- 遭遇兩難或陷阱時
- 隱晦的引導對方接受自己的想法

該如何說故事
- 留意聽眾是誰
- 關心聽眾的在乎
- 尊重聽眾的觀點

故事結構量表

- 因果關係（causal relationships）
- 時序性（chronology）
- 角色發展（character development）
- 知覺程度（landscape of consciousness）
- 特殊事件（particular events）

每個人都是從聽故事的人變成講故事的人

經理人應該要學習如何說故事，因為故事能夠打動人心、產生共鳴、並且讓人記憶深刻。在學習說故事的前提之下，也請掌握一個原則：你的故事重點要真的能傳達給客戶。以下的方法可以提供你參考：

1. 留意聽眾是誰：先確定好你的聽眾族群，故事中的主角必須是你的聽眾才能引發情感認同。莫姐全家到迪士尼樂園的故事，聽眾要是迪士尼樂園的遊客才能引發共鳴。如果聽眾換成是迪士尼樂園的員工，這個故事就必須換另一個角度講，從樂園的員工如何透過組織有效率的機制找到這支太陽眼鏡的過程，以及看到遊客對太陽眼鏡失而復得的喜悅之情所帶來的工作幸福來講述這則故事。

2. 關心聽眾的在乎：講故事時，必須對聽眾有基本瞭解，掌握故事聽眾所在乎的是什麼，通常藉由情感因素連結聽眾的在乎是最直接的方式。當莫姐心中已決定放棄找太陽眼鏡的時刻，表示她心中認為是完全找不到的，然而太陽眼鏡失而復得是一種的驚喜，讓故事聽眾情緒由內隱含蓄的失落瞬間轉成意外的歡喜。

3. 尊重聽眾的觀點：當你很有自信的闡述你的觀點或產品服務時，注意不要有「高人一等或自恃甚高」的形象，也就是不要透過貶低或諷刺別人的方式來強化自己的論述，優質的說故事人都會理解聽眾的想法更尊重聽眾的觀點，不以優越者的態度講故事，如此聽眾的接受度才會更高。人們喜歡聽有趣幽默的故事，說故事人最高級的幽默就是幽自己的

默，如此講者與聽眾能達到一種認知的微妙平衡，聽眾更能獨立思考。專業說故事人在講這則「莫姐遺失的太陽眼鏡」故事時，他會只專注在主角對這支太陽眼鏡的感情依附，而絕不描述主角怎麼會愚蠢的不知道搭乘激烈遊樂設施時需要把身上的隨身物品收好。

故事不僅是老師課堂上講給學生聽，父母講給小孩聽，演講者講給觀眾聽，很多時候是企業經理人需要講品牌故事，目的是講給企業的客戶（消費者）聽，因為透過「故事處理」提供了將「品牌」與「自我」聯繫起來的機制（Self-Brand Connection，SBC），故事思維可以被用來整合外部訊息和個人品牌體驗，因此人們傾向於通過自我故事來創造他們的自我身分。當傳入的信息被處理成一個故事時，消費者會試圖將這些信息映射到自己現有的記憶中。因此在這樣的情況下，消費者可能會用故事將品牌的形象與他們的個人經歷和自我意識聯繫起來，從而形成一個「個人品牌聯結（SBC）」，而這些品牌故事的目的是希望幫助消費者實現一個與自我相關的目標，或者滿足消費者的心理需求。

綜合本章前述所談的故事結構與要素，我們認為一個好的品牌故事需要注意以下要點：

1. 品牌故事的主角：每個故事都需要主角，主角經歷事件的開始，中間轉折與最後的啟發。品牌故事一定要設定好主角，是品牌創辦人（這是最常被運用的主角，許多車庫創業（Garage Startup）的品牌故事就是這麼來的），或是員工，還是顧客？聽眾會因為喜歡品牌故事裡的主角，進而喜歡該品牌，進而願意消費。

2. 品牌故事的內容：品牌故事是用來傳達品牌理念與價值，因此一個具有吸引力的故事劇本該具備的特徵，在品牌故事的內容都應給予巧妙設計，包含情感、幽默、曲折、驚喜、簡潔等。

3. 品牌故事的聽眾：對於品牌來說，品牌故事的聽眾通常就是品牌顧客（消費者），精確掌握聽眾的特質屬性極為重要，例如汽車品牌 PORSCHE 與 TOYOTA 兩大品牌的顧客輪廓特質迥異，品牌傳遞的故事內容肯定要有不同的腳本設計。

我們認為「說故事是一種美學」，難道美也是一種欺騙？考試科學我們求真，生活藝術我們求美，台灣考試下的孩子比較習慣在求真，現在的我們除了求真之外，求美更是一種

人生必備素養。說故事是一種想像力與聯想力的發揮，不是一種欺騙。那麼經理人的消費者故事行銷呢？行銷本身或許就有一點隱惡揚善的成分，隱藏缺點並宣揚優點，就像女生化妝吸引男生，男生做作體貼女生一樣，不完全是說謊，而是行銷包裝，只是一種表達的技巧罷了。

　　早期有人說台灣研發的 LCD 為什麼賣不好？主要的原因之一是因為我們的工程師都在「求真」，但是許多時候「真」的影像並不美，而日本的光顯示影像技術還會求美。如果台灣的光顯示讓胖子看起來就是胖子，蒼白的臉就是蒼白；而日本的光顯示讓胖子看起來比較瘦，讓人臉看起來比較紅嫩，你會喜歡買哪一台？再看看現在的電視劇，男女主角每個人的皮膚都好得不得了，觀眾們也習以為常，難道廣大的觀眾們真的相信這些男女主角臉上一點瑕疵都沒有嗎？如今幾乎所有攝錄影機設備軟體工具均備有磨皮濾鏡美肌功能，或透過影片後製方式讓演員們呈現更美的狀態，目的都是讓影片所呈現的畫面能顯現的更「美」而非更「真」，此時這樣更「美」畫面的真實性大家也就都心中有數了。

　　故事讓人易於記憶，所以許多企業家都有車庫創業的傳奇，許多品牌也有自己的品牌故事，民族也有代代相傳的故

事，我們的生命不正是由點點滴滴的故事所組成的，這些故事，不就是我們的回憶。人們往往都是從聽故事的人變成講故事的人，尤其當自己在職場打滾了一段時日後，為了特定因素肯定必須開始學習講故事給客戶、主管或部屬聽。沒有人天生下來就是個說故事高手，所有的事情都必須透過練習而熟能生巧，培養自己的觀察力，記錄自己與旁人有趣的經驗與體會，同時不斷找機會練習講故事，相信有朝一日「說故事」會成為你的一種專業能力。

[重點思考]

1. 說說你聽過印象深刻的故事，以及這則故事給你的啟發？

2. 有沒有什麼廣告故事或品牌故事讓你印象深刻？它具備哪些特質讓你印象深刻？請從故事結構與要素來討論。

3. 如果要你寫一個故事來行銷台灣的旅遊景點，你會怎麼寫？請必須清楚描述出你故事的聽眾是誰。

4. 回想一下你的生活經驗中有沒有什麼真實事件是讓你記憶猶新，且這個事件你與朋友同事聊天時經常拿出來分享的呢？

[重點回顧]

1. **故事的發展結構包含以下**：故事的內容，故事的角色與情節，以及故事的因果。

2. **Escalas 學者提出故事結構的五大要素**：因果關係（causal relationships），時序性（chronology），角色發展（character development），知覺程度（landscape of consciousness），特殊事件（particular events）。

3. **說故事比說事實來得更有影響力的原因**：要加深別人對自己的印象，面對遭遇兩難或陷阱時的排解，以及隱晦的引導對方接受自己的想法。

4. **好的品牌故事需要注意的要點**：品牌故事的主角，品牌故事的內容，以及品牌故事的聽眾。

5. **個人品牌聯結（SBC）**：故事思維可以被用來整合外部訊息和個人品牌體驗，人們傾向於通過自我故事來創造他們的自我身分。

8 / 談說服：「思辨可能模式」更有效

人的態度會經由被說服而改變，而說服有時靠的是精準的資訊，有時卻是依靠情緒的感染。

先前文章內容我們談到人有不同的認知風格，人們判斷決策時有些人比較偏向理性分析的邏輯思考，有些人則比較重於人際關係的主觀情感。雖然人天生有不同的認知風格，但人的認知並非永遠都是不變的，人類可以從不斷學習的過程與社會人際關係的互動等因素，改變自己對既定事物的認知與態度（attitude），態度又會直接影響到行為（behavior）。例如：知名企業透過參與支持公益活動，獲得社會大眾對企業的認同，當客戶對企業的認同感越高時，就越願意購買該企業相關產品或服務，這也是為什麼社會心理學者會重視研究人的態度是如何轉變的。

態度的轉變往往是透過「說服」的過程，說服是一種改

變態度的溝通，而態度指的是對某項事物喜歡討厭或贊成與否的程度。當你在看這篇文章時，有沒有想過，這是我們嘗試「說服」你接受我們觀點的過程。周遭的生活中「說服」是無所不在的，像是業務要客戶買公司的產品，員工要老闆給自己加薪，老闆要員工接受老闆創新的理念，小孩向父母要錢買 iPhone，父母要小孩子用功讀書，都是一種「說服過程」。這麼重要的理論，實在應該列為大學課程中的必修單元，才不至於造成大學生連話都講不清楚的情況。

我們來看看這則故事：

Amy 是一間加工食品公司的資訊長，由於公司使用的 ERP 系統已經超過 15 年，這幾年內部使用者陸續跟 Amy 表示，隨著各種新電商零售模式的發展，有許多新需求這套舊的 ERP 系統根本無法支持，希望公司能投入資源改版或想其他辦法解決。現在資訊部同仁手上的工作已經滿載，Amy 傷腦筋根本排不出任何人力協助開發這些新需求，她跟老闆爭取以「外包」方式來解決這個問題，但老闆始終尚未鬆口同意投入資金處理。近來公司招募新人，希望透過這些新進年輕同仁刺激活化公司帶來更多創新思維，沒想到年輕員工都留不下來，無意間被 Amy 知道新人留不下來的原因之一竟

是因為他們認為公司的資訊系統都太過老舊，這些年輕人認為這是一間沒有想要進步與突破傳統老舊的公司因而紛紛離去。Amy 知道後立即跟老闆回報此事，老闆發現如果他不正視這個問題新人可能永遠留不下來了，這回才真正說服老闆同意開始投入資源與資金，大幅改善公司 ERP 與其他相關的資訊系統。

Amy 終於說服老闆點頭了，但現在接著碰到的問題是，到底是要大幅翻新系統，還是在既有的 ERP 系統上外掛新功能，老員工很抗拒重新學習使用新的系統，他們希望在舊系統上外加新功能就好，不需要大幅改變現在的使用流程，但舊系統的擴充範圍又有限，同時介面使用視窗老舊導致新到職年輕一輩的員工使用起來排斥心很強。Amy 看來又有一場硬仗要打，因為她很清楚知道老闆想要讓公司年輕化，看來要花很大的力氣說服這些資深員工接受公司接下來的安排了……。

古希臘的說服理論

從這個案例我們發現，Amy 先被公司系統的使用者說服

必須修改目前這套舊的 ERP 系統，而後 Amy 又說服老闆同意這項需求，接下來 Amy 又必須說服資深員工接受重新學習新系統。像這樣的說服在我們生活中隨處可見，有時候是我們說服別人，過一會兒換成別人在說服我們，其實早在古希臘時就開始重視「說服」的訓練。亞里斯多德（Aristotle）認爲「說服」包括了訊息內容（邏輯，logos）、訊息來源（信譽，ethos）、與聆聽者的情緒狀態（情感，pathos）等三大要素。

1. 訊息內容（邏輯，logos）：這是你把話說清楚的理性推理方式。經理人常常用策略性思考，統計推論分析與視覺化圖表來將自己的資料完整呈現出來，目的就是要讓聽眾瞭解你講話的內容是符合邏輯且有所依據。

2. 訊息來源（信譽，ethos）：這是爲什麼你講的話大家會相信的原因。當你是某個專業領域的意見領袖與權威，或者是公司的高層主管時，相較於默默無聞的小員工，你講的話總是會讓大家比較願意相信。

3. 情緒狀態（情感，pathos）：這是訊息傳播者與接收者之間建立情緒上的連結。經理人如果時常主動關心團隊成

員的工作家庭生活平衡情況，與團隊成員達成良好的合作默契，經理人與團隊成員的情感建立狀態良善，這亦是有效說服的關鍵要素之一。

被《富比世》雜誌選為最具影響力女性之一的雪柔・桑德伯格（Sheryl Sandberg），在當時還是臉書（Facebook）這間公司的營運長，延續自己在 TED 的演講出版書籍《挺身而進》鼓勵女性要「往桌前坐」、接受挑戰、積極追求各種目標，受到女性的廣大迴響，這是一項成功的說服。雪柔本身的角色，既是知名大企業的高層主管，又是妻子與母親（信譽，ethos），她透過親身經歷的過程傳達的女性應放完美與兼顧一切的執著（邏輯，logos），讓許多同時在事業與家庭生活中打拚的女性獲得了情感認同的連結（情感，pathos）。我們都相信許多讀過雪柔文章的女性一定都有被鼓舞到，就像我們相信讀過現在這本書的讀者們，一定能對自己在認知管理上的思維有所啟發與突破。

不過，古希臘的理論經過數千年的淬煉，人們發現說服過程不只是這三個變數的單一影響與過程（single effect and single process）。譬如邏輯不一定有助於說服、名人講的話也可能有反效果，快樂的情感也可能降低說服的效果。現

今的世界，遠比亞里斯多德想像的複雜許多。像是許多政治造勢場合，根本不需要邏輯，單靠片面之詞的激情就能說服群眾。過去的研究發現，如果人們的態度本來就很贊成，或是聽眾的教育程度偏低，提供單面的訊息更具說服效果。但是反之則不然，如果對象的態度原本不贊成或是教育程度較高，則提供雙面訊息比較有效。像是罵人笨時，你可以直接說「你這個白癡」，也可以說「我已經夠笨了，你怎麼比我更笨」，或著爭辯時，也有人說：「你的想法很好，不過……」。知識分子總是喜歡拐彎抹角的罵人。

過去的實證也說明名人效果不一定有效，特別是有「睡眠效果（Sleep effect）」，也就是名人講的話，只有當下聽的時候比較有效，經過一段時間後，名人的光環就會被忘記。此外，名人的話如果講多了（如名人代言產品種類太多，消費者已無感），光環也會褪去。此外，重複的訊息雖然有強化的效果，但是重複多了也不好，所以「嘮叨」在說服的過程是有反效果的。說服不一定單靠快樂的感覺，也有人講恐怖訴求，但是任何訴求走得太過極端，都會適得其反。

經典說服理論——說服傳播模型

　　因此西元 1959 年美國心理學家卡爾‧霍夫蘭德（Carl Iver Hovland）和詹尼斯（Irving L. Janis）基於訊息傳播過程中說服與態度的改變提出「說服傳播模型」，此模型有四大重要因素：訊息溝通者、訊息本身、接收者、情境。

　　1. 溝通者：就是傳遞訊息的人本身具備的特性，如：專業性——溝通者本身在特定領域是專家，分析觀點比一般人還要精闢。喜歡程度——對溝通者本身的外貌或喜好程度越高，說服力則越高。睡眠效果——說服效果會隨時間的推移而發生改變的現象，原本具高說服力但時間久了產生說服力降低的情形。以往電視或平面廣告代言人，往往都是明星或知名人物，因為商品有名人光環加持容易被消費者注意與喜歡；如今網路上許多商品是由素人試用後推薦效果極為顯著，這是出於溝通者本身在該領域的專業或真正誠心的使用心得，理性的消費者更願意相信。

　　2. 訊息本身：這是指傳遞溝通訊息本身的特性，包含訊息的數量與品質，與單面訊息（強調優點）與雙面訊息（優點與缺點並列）。該提供多少的訊息，以及單面或雙面訊息必須參考訊息接收者的背景，如果接受者本身教育程度高，

或者已經對某一觀點呈現反對意見，此時建議訊息無須過多，但須重視品質，且應以雙面訊息為主，也就是正面反面的訊息都要客觀列出，由接受者自行判斷。此外，訊息本身的表達方式也很重要，肯定句或疑問句的使用時機也須依照接受者的狀態來調整。

3.接收者：這是溝通者所要說服的對象的特性，如年齡、社會背景、教育程度、認知需求、智力、自尊心、涉入程度等。簡單來說，教育程度與智力、自尊心高者，雖然他們對訊息的理解力高，但卻因自身對訊息的理解與過濾能力高，就越不容易被說服，因此說服這群人的訊息品質要高，數量不用多。

4.情境：這是指影響說服過程中所涉及的預告警告或分散注意力（分心）的情況，例如：某建商預告該地段未來有重大建設房市看漲，刺激買方現在就要進場購屋。而分心的情況在說服過程中不是在所有條件下都適合使用，分心可以干擾接收者的訊息判斷，所以當接收者本身對說服內容已有反向觀點時，就適合採用分散注意力的分心方式來弱化既有觀點或強化欲說服的觀點，在飯桌上談生意就是這類方式，只要用餐談話氣氛和諧原本不容易談成的生意可能就談成了。

■說服傳播模型理論

訊息
傳遞溝通
訊息本身的
特性

溝通者
傳遞訊息的
人本身具
備的特性

說服傳播
模型

接收者
溝通者所要
說服的對象
的特性

情境
影響說服過程中
所涉及警告或分
散注意力情況

　　如果你今天在職場上需要扮演著傳播產品訊息溝通者的
角色，想成功說服客戶或消費者接受你的觀點，請務必掌握
好上述四大要素：平時就必須加強自己在領域上的專業性增
強自己講話的說服力，並清楚的知道自己的目標客戶族群輪

認知紅利｜一個人、一群人、一個組織｜

廓，對於要傳達的訊息內容務必掌握好表達質量與方式，以及注意訊息傳遞的媒介所造成的情境因素。例如：透過網路KOL或家外媒體（Out-of-Home），不同的傳遞媒介就有不同的情境考量點。

當我們瞭解說服傳播模型之後，便可發現影響態度的改變有非常多的因素，許多消費行為相關研究常討論理性購物或衝動購物，你可曾想過自己在什麼狀態下會理性消費，又在什麼狀況下會衝動性購物呢？學者海德（Heider）在1958年提出**歸因論**（**Attribution theory**）用來描述自己與他人在生活上行為起因的認知歷程，也就是一個人對於自己所遭遇事物認知到的因果關係，包含內在動機因素、外在環境因素與當時情境因素，便可用於解釋一個人會有「理性購物或衝動購物」行為的產生，雖然歸因論並不只是單純的一種說服理論，但可從此概念探究「說服」的許多洞察因素與現象。

所以我們都會發現，當廣告內容不斷有許多明星推薦某樣商品的優點時，特別說明這是知名演員的愛用商品，我們很容易被洗腦希望自己與此商品有所連結，進而被說服進行衝動購物（例如：你衝動下單購買女星代言的瘦身品）。但反觀，如果你對此商品特性本身就非常有概念，涉獵很深

（例如：你很懂音響），大明星的代言對你可能就起不了作用，反而是商品本身的內容質量對你來說才是最重要的評估資訊。

最易理解又好用的——思辨可能模式（ELM）

基於上述人們在被說服過程中參考的許多因素變因，派蒂（Richard E.Petty）與卡喬鮑（John T.Cacioppo）於 1986 年提出的思辨可能模式（Elaboration Likelihood Model, ELM）嘗試的把過去相矛盾的發現作一系統化的解釋。ELM 認為說服的過程可以分作**中央說服（central route）與邊緣說服（peripheral route）兩個路徑**，中央說服路徑是指當人們擁有動機與能力時，會針對問題深思熟慮所有的資訊，是一種高思辨（high elaboration），這種路徑通常會造成長期穩定的態度改變。邊緣說服路徑則當人們缺少動機或能力時，則會被主觀印象、情緒、共識等非核心的邊緣線索來說服，屬於低思辨（low elaboration），這種路徑造成的改變較為短暫且相對不容易預測。不同的人在不同情境下會有不同的思辨程度，也對應著不同的說服策略。

譬如，企業的變革也需要說服。組織變革大師科特（John

P. Kotter）在《急迫感》（A Sense of Urgency）一書中談到，一家知名企業在年度策略會議中，安排了兩位部門經理演講變革的重要，第一位經理上台後要求關燈，準備了大量的投影片，每三十秒看一張充滿資料的投影片，講述著目前的問題、變革的目標與執行的策略；另一位經理上台後卻要求燈光完全打開，只用了幾張投影片與少少的統計資料來支持他的觀點，演講的內容有一半在說故事，談到他父親、他的朋友、以及曾與妻子討論退休，但希望打一場勝仗後再退休等等。第二位經理講完之後，全場熱烈鼓掌，久久不停。

　　科特稱第一位是說理完美，第二位是態度誠懇，他顯然認為提升變革急迫感時，第二種比較好，並認為領導者要創造感動，而創造感動這件事，卻是 ELM 的邊陲路徑。如果以 ELM 的觀點來看，第一位演講者走的是中央路徑（high elaboration），而第二位走的則是邊緣路徑（low elaboration），你認為哪一種比較好？我們認為這個個案一開始，企業對變革的動機不足，所以走邊緣說服路徑來提升急迫感，企業一但開始有變革的急迫感與能力時，接下來就要走中央說服路徑了。

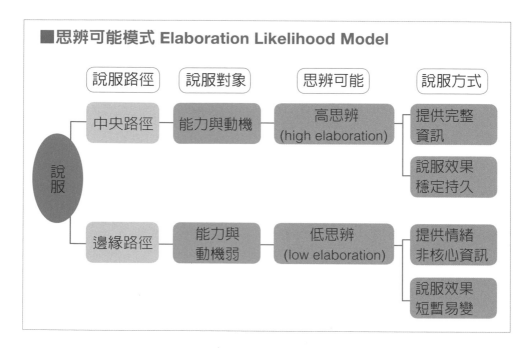

■思辨可能模式 Elaboration Likelihood Model

說服路徑	說服對象	思辨可能	說服方式
中央路徑	能力與動機	高思辨 (high elaboration)	提供完整資訊
			說服效果穩定持久
邊緣路徑	能力與動機弱	低思辨 (low elaboration)	提供情緒非核心資訊
			說服效果短暫易變

（說服）

　　又譬如當你今天要買一棟 2000 萬的房子與 2000 元的包包時，我們都相信這兩種東西的考量點是絕對不一樣的，因為「價格」是一個非常重要的干擾變因，價格越高你越會進行「中央說服路徑」，因為你必須審慎評估自己的固定收入、還款能力、貸款利率、房屋市場趨勢……等。然而，一個 2000 元的包包，你可能在轉瞬間就被廣告內容吸引過去立即下單，但這也意味著低價的商品很容易以「邊緣說服路徑」來處理。

整體來看，我們會發現「邊緣說服路徑」是一種捷徑，可以很快速達到單次說服客戶的目的，但是要讓客戶長久穩定的喜歡你，還是必須透過「中央說服路徑」的方式，因為深思熟慮的邏輯推理才能支持自己的決定。所以「說服的路徑」不是二選一的問題，就像我們常問：當地上同時有一張一千元與一張一百元鈔票時，你會撿哪一張？嗯……聰明的你應該兩張都會撿吧？！

[**重點思考**]

1. 說說自己曾經被說服的例子？對方說了什麼讓你被說服了？從思辨可能模式 ELM 來思考。

2. 再想想自己過去的工作經驗中，有沒有什麼案例說明態度轉變，從「邊緣說服路徑」轉變為「中央說服路徑」的處理方式。

3. 有沒有什麼廣告讓是你印象深刻的？例如：以國民外套「ONE BOY」品牌作為討論案例，並嘗試以說服傳播模型理論來討論。

4. 在本章案例故事中，Amy 接下來要花很大的力氣說服這些資深員工接受公司的安排。如果你是 Amy，你會怎麼說服這些資深員工呢？

[**重點回顧**]

1. **亞里斯多德（Aristotle）的「說服」理論**：包括訊息內容（邏輯，logos）、訊息來源（信譽，ethos）、與聆聽者的情緒狀態（情感，pathos）等三大要素。

2. **睡眠效果（Sleep effect）**：訊息傳達到接收者時只有當下聽的時候比較有效，經過一段時間後，所產生的效果會有相反的效應，即原本有效時間久了就沒效果了。

3. **說服傳播模型**：模型有四大重要因素，包含訊息溝通者、訊息本身、接收者、情境。

4. **歸因論（Attribution Theory）**：是用來描述自己與他人在生活上的行為起因的認知歷程，就是一個人對於自己所遭遇事物認知到的因果關係。

5. **思辨可能模式（Elaboration Likelihood Model, ELM）**：認為說服的過程可以分作中央說服（central route）與邊緣說服（peripheral route）兩個路徑，中央說服路徑是指當人們擁有動機與能力時，會針對問題深思熟慮所有的資訊，是一種高思辨（high elaboration）。邊緣說服路徑則當人們缺少動機或能力時，則會被主觀印象、情緒、共識等非核心的邊緣線索來說服，屬於低思辨（low elaboration）。

9 / 談印象管理：做什麼要像什麼

全世界是一座舞台，所有男女都只是演員；每個人
退場進場的時候；一個人在一生中要扮演好幾種角色。

——莎士比亞《皆大歡喜》

　　俗語說得好：「人生如戲。」每個人每天都在上演一齣
戲，演好自己的角色，並在戲中與別的角色互動。這是一個
俗語，也是一個理論。

　　美國社會學家爾文・高夫曼（Erving Goffman）於 1959
年提出著名的**「戲劇理論（Dramaturgical Theory）」**，強
調社會其實就是一個「舞台」，每個人都在舞台上扮演自己
或別人定義的角色。舉例來說，當你上班時，你會穿套裝打
扮自己專業的形象，講起話來自信十足，甚至有些公司要求
著裝標準（dress code）；下了班約會時，表現的又是風情
萬種。原來這兩種場景代表著兩齣劇，因為在舞台上演戲的

人不同（上班場所，下班約會），所以你穿的戲服、講的台詞，都會跟著不一樣。所以生活中的各種情境就是各種不同的「舞台」，舞台上的每個演員就扮演著自己心中期待的人物角色設定。

高夫曼的戲劇理論還有一項重點，他提出人們於日常生活中其實有「**前台**」與「**後台**」之分：

前台（front stage）：指的是表演戲劇的舞台。意味著每個人在不同的人際群體中，特意表現出某種樣貌，以求在該場景期待自己想留下特定印象的呈現。上班時面對同事、上司、客戶，下班時面對同學、朋友、情人，每個人在面對不同人群時都會透過一些刻意地、或自然流露的策略方法來製造與維持某種特定印象。

後台（back stage）：指的是完全屬於個人小天地。不須刻意維持特定的某種形象，呈現真實的自我。在這種狀態通常是獨處，或是在家裡的時候，人是放鬆沒有拘束的，會把自己內心最真實的想法透過外在行為呈現出來。

在高夫曼的戲劇理論觀點之下，其實大多數的人平時於前台舞台展演時，自己通常是沒有察覺到自己正在演出，然

而在這樣的情況下每個人還是都擁有自己某些偏好的形象，透過不同的策略方式呈現自己想展現的形象，並盡可能維持前台與後台呈現的一致或平衡，同時每個人在自己所在的場景中，既是演員也是觀眾。

如果以這個觀點來說，社會現象不過是一群人尋求「自我表現」的幻影。許多時候，經理人要學習管理與辨識這些幻影，因為幻影是人們的認知，而這種控制人們對事物認知的學說，高夫曼將它稱之為**印象整飾或印象管理（impression management）理論**。

你的氣質與形象是怎麼來的？

印象管理理論認為，人們會為了強化自己的形象、或符合別人認知的形象，而做出不同於平常的異常行為。人們在成長過程中，不斷地尋求自己的角色，並由人際互動的回饋中調整自己，在一連串的嘗試與回饋中，漸漸建立起自己的角色，最後定型下來的，便是你的氣質與形象。因為形象很重要，近年來有人開始強調印象管理，試圖來控制影響別人對你的印象。

在印象管理的過程中，值得我們注意的是，有時候個人為了達到自身對外印象管理的目的，許多在前台展演不被認可的行為只能在後台呈現，因此印象管理也產生了所謂的儀式價值（ritual value）和社會功能（social function），如此控制著社會關係的互動，使互動之間減少尷尬或更加平順。舉例：員工為了讓自己呈現是屬於積極有責任感的人，平時對於主管同事的要求都會表現得排除萬難處理。

戲劇理論用於服務情境

後來美國學者 Grove 等人（1992）首度將**戲劇理論**應用於服務交易的情境下，提出以「場景（setting）」、「演員（actor）」、「觀眾（audience）」及「表演（performance）」四大要素為基礎之觀點：

1. 場景（setting）：表演發生的場所，也就是顧客與服務人員所處的實體環境，這是屬於前場的部分，前台區域與印象管理其實是密不可分。在實體環境下，場景的外觀及佈置內容是形成第一印象的原始素材，空間配置也會影響顧客的知覺，經由動線的設計，規劃出最適合服務傳遞的實體環境空間，期能符合顧客消費的需求。而在如今線上消費盛行

的環境下，顧客與服務人員接觸的環境就是網站本身，因此網站的前台就是屬於戲劇理論中的「前台」，同樣的概念，網站配置美術設計、動線規劃與顧客體驗流程等，均屬於場景概念。

2. 演員（actor）：這裡指的是服務人員或接觸人員，也就是服務開始的時候顧客接觸的第一線人員，在實體環境下，服務人員呈現的外在表徵，行為言語態度等，都會影響到企業或品牌的形象。在網路世界中，隨著 AI 技術進步，許多與顧客接觸的第一線人員其實是「聊天機器人」並非真人，因此與顧客對話的聊天機器人程式設計極為重要，畢竟我們都有過與「聊天機器人」對話最後生氣跳腳的經驗，這對經營的企業來說可不是一個良好的體驗形象！

3. 觀眾（audience）：指的是接受服務的顧客，雖然表面上看起來顧客是被動的接受服務者，但在整個體驗服務的流程中，顧客在每個服務接觸點都會加入自己的體驗感受，而這些所有的體驗感受才是真正服務內涵印象管理的成果，因此我們時常在實體服務場景中看到服務人員親切的與顧客互動，蒐集顧客的回饋。然而在虛擬世界中，與顧客互動的體驗更是無所不在，透過即時互動與資料蒐集，立即回饋這

已是網路環境的常態，就像我們可以看到，直播節目透過立即的投票鼓勵觀眾即時參與，提高整體服務的印象分數。

4. 表演（performance）：互動其實就是表演的體現，演員透過在特定情境中的表演，用其特定的方法來影響觀眾（或是其他演員），這樣的互動正是服務的主要核心，牽扯到系統、流程、人員等之間互動所產生的結果，在表演的過程中，演員就是透過互動之間呈現出想傳達給觀眾的實際形象。就如同當我們到鼎泰豐餐廳用餐的時候，我們可以感受到餐廳服務人員用心入微的服務，這個互動就是一個表演的呈現，透過這樣的呈現塑造鼎泰豐想傳達給顧客的品牌印象。而網路服務當然也有其所謂的互動，以網路搜尋內容這件事來說，這樣的互動是專業（Google 搜尋結果）還是體貼（ChatGPT 自動生成），沒有好壞之分，就像我們都看過那麼多的表演節目，觀眾百百種每個人的口味都不同，沒有一個節目是可以讓所有觀眾都拍手叫好的，認清自己的顧客喜歡什麼樣的表演內容才最重要。

網路世界的印象管理

我們發現真實社會中，人們靠著外在儀態、臉部表情、

談吐、肢體語言建立第一印象，但在網路世界中，人與人的實際互動接觸都沒了，剩下的只有網路上的代號暱稱、文章、照片。Avatar[2] 的功能讓人們的代號更多元，甚至願意為它付費購買。照片也是另一項重要的線索，即使人們知道照片可能是假的，卻還是能夠發揮人際關係的影響力。

然而現在的**網路直播**是另一種可以立即呈現第一印象的舞台，這是一種讓實體場景在網路環境上展演的綜合渠道，傳統影音網站 YouTube，短影音如：TikTok；社群平台如：Facebook、Instagram，或其他聊天打賞平台如：17Live 等，素人可以透過這些網路直播平台建立自己展演的舞台，建構自己在網路上的數位身分（digital identity），素人成為網紅的過程就是充分運用戲劇理論四大要素的精髓：

1. 直播場景：直播間的佈置擺設與空間設計，甚至畫面上的文字語言與形式等都是場景重點，通常這類直播主的人設會統整設計。

2. 直播演員：這裡的演員其實就是直播主本人，直播主在開啟自己的直播節目時應先規劃自己的人設（人物設定），

2.（網路空間中使用的）頭像；虛擬化身。

因為這牽扯到直播主期望給予觀眾粉絲什麼樣的第一印象，以及後續停留在粉絲心中的既定印象。當然在當今追求效率的環境下，我們認為直播主也應掌握快速表演回饋與調整的正向循環路徑，所以直播主必須掌握自己線上線下的角色定位，與觀眾的直接互動與適當隔離，且對面不同族群之觀眾呈現不同樣貌之形象。

3. 直播觀眾： 在網路直播的環境下網友粉絲就是觀眾，在這種環境下的印象管理絕對需要隨時注意粉絲的回饋，良好的互動可以產生正向的回饋與調整，這不僅可以讓觀眾更加滿意，同時調整的過程中也可提高直播主本人的舞台魅力。

4. 直播表演： 直播的內容就是表演本身的呈現，包含專業展演，交友聊天或自我揭露……等，表演本身可能是一時興起偶發性的，也可能是有目的性的完整規劃節目內容，所以直播主（演員）本身就可能是從嘗試性的業餘直播表演最後演變成為專職網紅。也請記得，在成功的印象管理訣竅就是：做什麼要像什麼。所以如果是直播遊戲時，你就必須是位電競高手或者具有風趣幽默反應快速的口條，如此才可吸引觀眾來看你的直播。

不同情境要用不同的印象管理策略

不管自己是一位單純的職場工作者，或甚至有斜槓其他事業，在上述的觀點下，其實我們認同每個人每天的生活都是在演出，不管大部分的時間是有與其他的演員互動（工作上的同事客戶），或些許時候唱獨角戲（夜晚的自己），這麼一來「印象管理的策略」就值得我們來研究一下了。

小芳的公司最近又舉辦了一年一次的「志工日」，今年的志工活動跟去年一樣是到淡水海邊進行半天的淨灘活動。這次的志工日是安排在八月第三個週六的下午，這是志願服務活動，公司沒有硬性規定全體同仁都要參加，小芳自己原本心中也在盤算著到底要不要參加這場活動，想到公司幾位重量級的大老闆都有參加，自己的直屬主管 Sam 也會帶著老婆孩子參與，還有研發部門中有位非常有愛心的好朋友小夏也二話不說就馬上報名參加……。

一直以來小芳在大家心中都是積極正向願意幫助別人的形象，但小芳內心知道其實自己並不是跟小夏一樣這麼有愛護地球的使命感，八月的天氣又真是熱的很，所以真心沒有很想參加這類型的活動，但想著公司的老闆主管都參加了，

自己若缺席會讓高層們認為自己對公司活動不夠支持之外，更會讓其他人覺得自己對大自然毫無關愛之心。綜合這些考量後，雖然要花一個週末的下午到海邊曬太陽彎腰撿垃圾，小芳最後還是決定報名參加今年的「志工日」活動。

在這個案例中，小芳本人可能都不知道其實平時的自己就一直在做「印象管理」，定位自己是一位「積極正向樂於助人」的角色，而當特殊事件發生（心中浮現出不太想參加志工日的情緒）會違背於自己平時建構的形象時，這才發現原來自己平時在公司與人互動時，都在維持這種「自我設定與期望的形象」。

瓊斯（Jones）等人（1982）根據人際關係中於印象管理行為（Impression Management, IM）時的展演與互動，歸納出以下印象管理策略：

1. 逢迎（Ingratiation）：這種策略是運用某些方法來增加自己的吸引力，同時透過支持肯定對方價值的方式，增加對方對自己的接受度或喜好。例如：諂媚狗腿行為來強化對方的長處，針對互動者的意見判斷與行為表示認同。在上面的例子中，小芳為了表示自己對公司志工日活動的支持，

也認同公司高層都參與志工日的行為，因而自己也決定與他們一樣參與志工日活動（支持他人價值與自我呈現）。

2. 自我推銷（Self-Promotion）：這種策略是對外展現自己的專長進而讓他的觀眾能感受到自己的能力與成就。例如：網紅歌手透過直播來展現自己的歌唱天賦，創業家在臉書上發文寫自己如何成功開拓事業的心路歷程，或新人應徵工作時在面試官面前誇大自我能力以展現自己能勝任該職位。這種策略要謹慎採用，否則可能會有反效果，亦即造成觀眾反感。

3. 模範（Exemplification）：這種策略是展現自己正向道德行為，該作法通常可以立即建構良好形象，同時也可影響他人。在上面的例子中，Sam 帶著全家參與志工日就是一個良好的模範，同事看到除了 Sam 本人支持之外，也帶著孩子機會教育要愛護地球，這樣的正向示範印象可贏得同事的肯定與認同，進而提高自己的影響力。還有小夏對地球環境保護的關心，雖不是刻意塑造，無形中也是一種正向模範的印象呈現。

4. 懇求（Supplication）：這種策略是展現自己屬於弱

勢且需要對方的幫助，透過讓別人知道自己是弱者，得到對方同情進而對方會伸出援手來幫助自己。這種策略未必每次都奏效，必須要看對方認為自己值不值得幫助，以及付出代價不是太多的狀態下才有機會成功。例如面試時表達自己非常需要這份工作的收入來負擔家裡困難的經濟狀況。

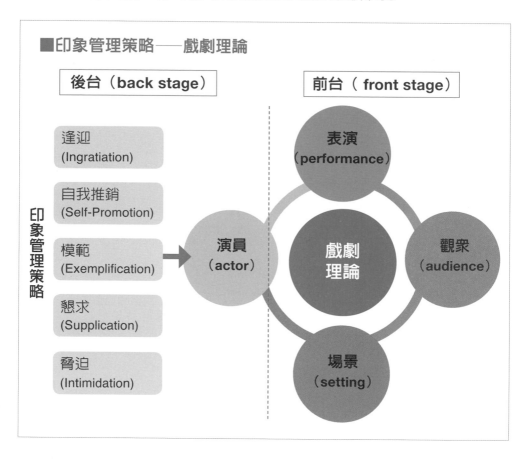

■印象管理策略──戲劇理論

後台（back stage）　　前台（ front stage）

印象管理策略

逢迎
(Ingratiation)

自我推銷
(Self-Promotion)

模範
(Exemplification)

懇求
(Supplication)

脅迫
(Intimidation)

演員
（actor）

戲劇
理論

表演
(performance)

觀眾
（audience）

場景
（setting）

　　認知紅利｜一個人、一群人、一個組織｜

5. 脅迫（Intimidation）：這種策略是展現自己是威嚴、可怕、有影響力的形象，透過讓別人對自己感到恐懼與敬畏，進而在內心高壓狀態下服從或遵守自己的意見，這樣的策略在面對同一群互動者的時候必須要有一致性的作為，否則容易模糊形象。例如電影《穿著 prada 的惡魔》的雜誌總編輯角色，給人的印象就是一位嚴厲難搞的職場女魔頭。當然我們生活中也不乏看到類似這樣可怕的老闆。

除了上述我們講的這些「裝可愛（逢迎）」來討好別人，「自我吹噓（自我推銷）」來膨脹自己的印象，「充當模範生（模範）」來凸顯自己正直，「裝可憐（懇求）」來博取同情，「下馬威（脅迫）」來建立威嚴等，還可以透過「說抱歉」來顧及別人的顏面、以及「歸因究責」「自圓其說」「事先聲明」來規避自己負面的形象……等等，也都是印象管理中常用的策略技巧。

印象管理的真意

由內而外的印象管理：相由心生

相由心生，你長成什麼樣子，是由你怎麼想所決定。而

你怎麼想，又由你或別人認知你的身分所決定。如果有一天你當上總經理，你的行為就會整飾成總經理的樣子，以符合別人對你的期待。同樣地，當別人認為你是乖小孩時，你就會成為好孩子。

每個人都在探索如何演好自己的角色，或是演出別人期待我們所扮演的角色。不管是有意還是無意，我們都在維持自己的形象，以獲得社會的認同。所以有人強調，人要先肯定自己，當自我形象良好時，就會影響別人對你的印象。

由外而內的印象管理：公關與行銷

也有人認為，印象管理是有技巧的，藉由公關與行銷活動來討好顧客或別人。這個現象很常見，產品要包裝、店面要裝潢、經理人要懂得穿著等等，都是典型的印象管理。

此外，人們在相親或求職面試時，都會有意無意地想給人溫文儒雅或自我肯定的印象。遇到老闆時，無意識地逢迎拍馬或狗腿，許多時候也是一種自然反應，一種為了博取重要人物對我有好印象的行為。所以，不要看不起狗腿的人，他們只是在做好印象管理，而這件事每個人都在做，只是對

象不同罷了。

內外合一的印象管理：人生如戲

總而言之，「印象管理」是一個獲利的產業，人們會在不同的情境中，選擇不同的印象管理策略，像是人緣好、權威、幽默或被同情的印象等等。

人生百態，你可以細細品味人生，看人家如何在演戲；當然，自己在不知不覺中，也在配合演出。

因此，每當有人得罪你時，就請你原諒他吧，因為這只是一齣戲。當大家都不演戲時，反而會醜態百出。不過換個角度講，杜鵑窩裡的人都不演戲，可能是最快樂的人。但當你決定不要配合演出時，這也是你選擇演出的一齣戲。

所以，你知不知道自己正在演戲其實根本不重要，因為印象管理──做什麼要像什麼，重要的是**你若是快樂的做，你就會做得好！**

[重點思考]

1. 說說自己最喜歡的哪位名人，你認為他（她）的人設是什麼？

2. 挑選一個自己喜歡的網路節目，可以是網紅直播，從戲劇理論的四大要素來描述這個節目的設計。

3. 分享一個過去在什麼情況下，你清楚的發現自己正在演戲（進行印象管理），探究一下自己當時演戲的目的是什麼。

4. 你認為別人對你的印象是什麼？或你希望自己給別人的印象是什麼？

[重點回顧]

1. **戲劇理論**：強調社會其實就是一個「舞台」，每個人都在舞台上扮演自己或別人定義的角色。並且有「前台」與「後台」之分。

2. **戲劇理論的四大要素**：應用於服務交易的情境，包含場景（表演發生的場所）、演員（服務開始的時候顧客接觸的第一線人員）、觀眾（接受服務的顧客）及表演（服務的互動其實就是表演的體現）。

3. **逢迎（Ingratiation）**：印象管理策略之一，是運用

某些方法來增加自己的吸引力，透過支持他人自我價值的方式，增加他人對自己的接受度或喜好。

4. **自我推銷（Self-Promotion）**：印象管理策略之一，透過展現自己，讓他的觀眾能感受到自己的能力與成就。

5. **模範（Exemplification）**：印象管理策略之一，展現自己正向的道德行為建構良好形象，同時可影響他人。

6. **懇求（Supplication）**：印象管理策略之一，展現自己屬於弱勢且需要對方的幫助，讓對方伸出援手來幫助自己。

7. **脅迫（Intimidation）**：印象管理策略之一，展現自己是威嚴可怕的形象，讓別人對自己感到恐懼與敬畏。

10 /談領導：經理人 vs. 領導人

大部分人因為看見，所以相信；領導力是因為相信，所以看見。
領導力意味著看到別人看不到的事情。

——馬雲「西點軍校演講」

　　人是群居動物，為了掌控秩序只要有超過兩個人以上的地方就需要管理，如果這群人要達到一個共同的目標就需要有領導者來帶領。從部落酋長到政治領袖，從學生組成團隊參與專題競賽，校園內的社團活動，企業部門專案執行，甚至到企業創新事業的發展，這些大大小小人際互動情境組成的活動，都需要領導人帶領朝向目標前進。因此，領導的基本定義包含：在群體目標的前提下，人與人之間透過影響力來改變他人的行為，進而達成目標。

　　在企業管理需要經理人（manager），領導需靠領導人（leader）。經理人與領導人的差異在哪裡？有人說，經理

　　認知紅利｜一個人、一群人、一個組織｜

人是依組織的正式方法來影響人，而領導人則是藉由個人魅力與社會互動來影響人。也就是說，領導人不一定是好的經理人，而經理人則應該好好學習領導。舉例來說，創業家應該是個領導人，在有限資源下，藉由個人特質建立事業，但是一旦成立公司，規模成長了，就要開始學習做經理人。如果領導人不能勝任公司治理，最好聘用專業經理人。但是帶人帶心，專業經理人除了使用組織正式制度來帶人，也要學習領導者的軟實力。

看看 Google 這間公司的發展過程，就可以明白領導人與經理人合作的重要：Google 公司在 1998 年由賴利・佩吉（Larry Page）和謝爾蓋・布林（Sergey Brin）兩位創辦人共同成立，三年之後 2001 年兩位創辦人還不到 30 歲，眼看著公司快速發展，兩位創辦人都明白自己是技術研究人員而擅長經營公司的經理人，勢必要有專業經理人來經營當時的 Google，便邀請當時在科技產業有深厚業界經驗的艾立克・施密特（Eric Schmidt）擔任公司執行長負責公司整體的營運工作，大家都知道的 Google 三巨頭於此時正式形成。這是一個標準的創業領導人與專業經理人充分合作的案例，當時這樣的組合成就今日的搜尋引擎帝國。

那麼，什麼是領導？以下是各種領導理論的發展：

一、領袖特質理論（Trait Theory）

心理學家相信，人類的特質（trait），決定了人類的行為。而這特質，包括了一個人的習慣、思想、與情緒。像是我們會讀偉人傳記（如孔子、哥倫布、林肯、甘地、牛頓等），甚至是近代知名創業家（如賈伯斯、祖克柏、馬斯克、馬雲等），認為這些人之所以異於平凡人，是因為他們擁有獨特的人格特質。早期的領導理論多半強調如何找出這些領袖特質，像是創意、積極、自信、責任心、獨立思考、終身學習、利他心、仁慈……等等，甚至有研究還針對領導人的身材作了研究，發現領導者的身高應高於被領導者，人們要做領袖，就應該要學習這些特質。

然而研究越多，發現相關的領袖特質也越來越多，不久就多到沒有實務上的意義了。此外，陸續的研究人員也發現許多相矛盾的領袖特質。像是有研究指出，體格高大或是寫字工整是種領袖特質，但也有研究不贊成。領導能力不應該只單純地靠領導者的特質，還有更多的相關因素，例如當時的整體時空背景、被領導者的狀態、所屬產業經濟環境……

認知紅利｜一個人、一群人、一個組織｜

等，外在因素不同，就會造就不同特質的成功領袖。

二、領導行為理論（Behavior Theory）

領導能力的展現，除了領導者的特質之外，應該還需要考慮到領導者的行為。1940s 後的領導研究開始關注以哪些行為會導致更有效的領導。著名的密西根大學研究（The Michigan Studies）將領導者的行為分作兩類：以工作為中心（Job Centered）或以員工為中心（Employee Centered）。以工作為中心的領導者**關心工作的完成與效率**，而以員工為中心的領導者則**關心員工的感受、互信、與衝突的避免**。

三種領導行為方式

在 1953 年，懷特（White）和李皮特（Lippett）提出三種領導行為方式理論，可說是多數人較為熟悉的分類：

1. 權威式領導（authoritarian）：所有的計畫與任務分配均由領導人決定，部屬完全就是聽命行事，領導人與部屬基本上也很少接觸。

2. 民主式領導（democratic）：所有的計畫與任務分配

均由全體人員討論共同決定，領導人扮演的是鼓勵與協助，對於部屬能給予信任與愛護。

3. 放任式領導（laissez-faire）：所有的計畫與任務分配由個人或群體自行決定，領導人屬於無為而治，基本上盡量不參與討論也不干涉，遭遇問題也讓部屬自己設法解決。

當時這兩位學者的研究發現，民主式領導應優於權威式領導與放任式領導，因為過緊或過鬆的帶領方式都會帶來不同的問題。時至今日我們認為，到底哪種領導方式比較好，會因為任務與目的不同，被領導人的特質不同，而應選擇不同的領導方式。

五種領導基本風格

之後，布萊克和莫頓（Blake& Mouton, 1964）進一步以關心工作的程度（Concern for Production，1 到 9 分，X 軸）與關心員工的程度（Concern for People，1 到 9 分，Y 軸）發展出管理方格理論（Managerial Grid Theory），定義了五種領導基本風格（請見 p152 圖）。

1. 貧乏的風格（Impoverished Style）：所在位置為（1,

1），對員工與工作的關心程度都很低，主管關心的是自己的前途，多一事不如少一事的概念。

2. 俱樂部風格（Country Club Style）：所在位置為（1,9），對員工的關心遠超過工作。這種風格很快樂，較重視團隊之間的友誼氣氛，但是工作沒有效率，績效也會受到影響。

3. 組織人風格（Organization man Style）：所在位置為（5,5），兼顧了工作與員工，屬於中庸之道，主管屬於打安全牌的作為，但缺少積極熱情。

4. 權威風格（Authority-Obedience Style）：所在位置為（9,1），對工作的關心遠勝於員工，或甚至不在乎員工的想法，強調權威與服從。這風格缺少創造力。

5. 團隊風格（Team Style）：所在位置為（9,9），團隊有高的向心力，同時也對工作很投入，這是屬於最理想又最有效的風格。

如果有人問你，哪種管理風格最好？許多人會說是「團隊風格」。但是對「高級」知識分子而言，一樣的我們還是要建議你可能還要多想一想，這個答案適用於所有情境嗎？

■五種領導基本風格

俱樂部風格
（Country Club Style）

團隊風格
（Team Style）

高

關心員工的程度

組織人風格
（Organization man Style）

低

貧乏的風格
（Impoverished Style）

權威風格
（Authority-
Obedience Style）

低　　　　　　　　　　　高

關心工作的程度

三、情境理論（Situational Theory）

假若我們同意「領導」這件事本身就是希望影響別人的作為、朝向設定好的目標努力，而每個人作為背後的動機會根據當時的情況而定，那我們就可以接受。不同的情況要有不同的領導模式，簡單說就是每次的答案可能都不一定，我們就戲稱為「不一定」理論好了。

現在我們看這個案例：

Helen 是一間安親補習班的執行長，將近 20 年下來補習班被她經營得極好，學生家長甚至認為 Helen 就是這間學校背後的老闆。Helen 在這間學校的家長與學生心中是出了名的兇狠，與其說她兇狠，不如說她是完全不會避諱在所有學生家長面前直接嚴厲指責行為不當的學生，並加以處罰。

妙的是在這間補習班上課的學生並不會討厭或恐懼 Helen，原來她帶領學生的大原則是：不同年紀的學生用不同的溝通方式。低年級的學生以威嚴管教的方式，中年級學生需要稍加利誘，面對高年級的學生就直接以朋友拜託的方式來溝通。

此外，面對員工帶領員工（安親班老師群）的時候，由於他們的工作目標與指令是非常清楚結構化，針對初期新進人員的培訓則是以極嚴格高標準的方式來要求，給予他們清楚的目標並朝這個目標去做，過程中真的有錯誤或疏失時，選擇稍做處罰，如此員工比較容易平衡在工作上的得失與壓力。

統計學中有兩個名詞：組間變異與組內變異，一般來

說我們會希望樣本的組間變異要大，組內變異要小，如此分群的目的才會彰顯。對 Helen 來說，她把國小學生分為三群（低年級、中年級、高年級），主要也是因為這三群學生的心智成熟度大有不同，面對不同族群的學生時採用不同溝通方式（組間變異），但她也知道同一族群的學生（組內變異）中也會有個別差異，當遇到同一組內的極端案例時，此時就必須派輔導老師另外進行深入溝通。除此之外，安親班裡有本籍老師與外籍老師（教授英語），最基本的文化差異造成工作習慣也大有不同，所以怎樣的領導人才能經營好一間學校？管理好學校的老師？答案真的就是「不一定，看狀況」。

費德勒（Fred Fiedler）在 1967 年提出的 Leader-Situation Match（領導者與情境互相配合）的概念，認為天底下沒有最好的領袖，只有最適合的領導者。所以經理人要懂得**權變**（**Contingency Theory**），在不同的工作崗位上，做不同風格的領導者。舉例當公司還是初期創業階段時，創業的團隊成員各個自動自發，在家遠距工作跟充分彈性上下班對這些員工來說完全可以實施，因為大家都是積極主動工作。但當公司漸漸有規模，員工人數開始變多之後，工作型態是不是還能跟早期一樣有彈性？

再舉例來說，一位成功的工程師，多半是因為對工作細微邏輯的關注，但是一旦晉升為主管，如果繼續關注細微的工作邏輯就不對了，他必須要發展出關注社交的領導風格。此外，在學校、在企業、在軍中、在非營利組織，所適合的領導風格也不一樣。組織中為什麼會有彼得原理 3? 其實只是因為換了職位沒有換腦袋，升遷往往也意味著情境的改變，以及領導風格的改變。

Fiedler 的權變理論（Contingency Theory）

Fiedler 的觀點在於領導是否有效必須考慮情境的不同，歸納出三種情境因素：

1. 領導人與成員的關係：領導人在團隊中受到成員尊重信任與肯定的程度，這是三個情境因素中影響最大的一個，領導人若充分得到成員的支持便可發揮最大的領導成效。

2. 工作結構：成員所承擔的工作複雜度，包含目標明確與任務結構化程度，領導人若能充分掌握工作目標與流程，

---

3. 就是每個人做到不適任的職位就會因表現不好而停止升遷，所以一個穩定的組織中可能都是不適任的人。

給越清楚的工作指令，即能得到成員更大的認同，如此可發揮更大的領導成效。

3. 領導人之地位與權力：領導人在這個職位上具有的獎懲權力，以及該領導人在他所屬的上級單位以及整體組織中受到支持的程度。也就是組織給予領導人對其成員獎懲的掌控程度越高，領導成效就越高。

House 的路徑──目標理論（**Path-goal Theory**）

羅伯特·豪斯（House, 1974）的理論觀點在於領導人的任務就是要帶領成員達成團隊設定的目標，在達成目標的過程中給予設計合適的成員獎懲辦法，並且幫助排除可能遭遇的困難與障礙。此時領導人的行為對以下三項有影響作用：(1) 成員的工作滿足，(2) 成員的工作動機，(3) 成員對領導人的接受度。所以優秀的領導人會深入瞭解自己團隊每個成員的工作動機各是什麼（例如：調薪、升職），以及滿足成員的工作項目又是什麼（例如：獲得客戶的認同、或挑戰困難的訂單）。在這個過程中，領導人的領導方式會因為情境的不同而有不同的領導方式。

四、轉型領導 Transformational leadership

柏恩斯（Burns, 1978）提出轉型領導理論，將傳統的領導理論與新的領導理論給予一個明確的分野。這是一個更高層次的領導概念，透過領導人的個人領袖魅力激發成員成長的動力，帶領成員朝向組織願景使命而努力。如果說傳統的領導理論是由外而內的創造成員順從模式，在這邊新的轉型領導理論就屬於由內而外的創造承諾的自主模式。如同現在我們常看到許多國內外知名的創業家演說時，他們談的內容都不是公司的產品或技術有多新穎，而是公司的願景與未來發展理念，故轉型領導基本上包含這些特色： **(1) 領導人的魅力，(2) 激勵鼓舞，(3) 知識啟發，(4) 個別關懷。**

領導的境界與格局——相信你的相信

其實我們發現，在今日要身為一個好的領導人，因為全球市場所以要有國際觀，因為科技快速變遷所以要抱持終身學習，因為人類社會的本質所以要仁慈利他⋯⋯等，這麼一來，要當一位「好」的領導人似乎不太容易。

西方教育通常專注於帶領學生討論，也不對同學的意見

提出批評，授課老師就是整合大家的意見，並且尊重不同人的想法，而台灣傳統的教育則是要大家背熟了課本的答案，再應用到所有的情境，兩者的差異在於，西方教育的思考是在找「最適合」的答案，並且尊重不同的意見，台灣學生爭辯誰的答案才是正確，個案情境是不重要的，因為考試不會考。

瞭解領導人相關理論是重要的，因為我們認為每個人在自己生活中的某些時空環境下都很有可能需要扮演領導人的角色，例如：公司尾牙活動表演、家族旅遊、專案發表……等，然而講了這麼多領導人相關理論，請切記我們不是要你背熟這些理論，不用熟背的原因不是因為我們認為你當不了一位稱職的領導人，而是你必須清楚知道，你每一次面臨的領導問題都是不一樣的個案，不一樣的個案就要有不一樣的領導方式，就像是練功的最高境界是「無招勝有招」，而後再「見招拆招」，所以說西方教育與台灣教育的方式都有其優點，但怎樣才能將其優勢發揮極大效果，關鍵之處是「出招」人境界的高低之分。馬雲曾說：「大部分人因為看見，所以相信；領導力是因為相信，所以看見。領導力意味著看到別人看不到的事情。」優秀的領導人是因為先相信而後才

看到，這就是所謂的境界與格局。

當你讀完上面的領導理論後，就把它們都忘了吧！？相信你的相信就對了！

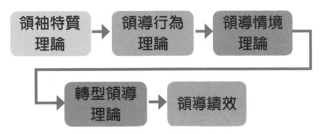

■領導理論 Leadership Theory

領袖特質理論 → 領導行為理論 → 領導情境理論 → 轉型領導理論 → 領導績效

・認為天底下沒有最好的領袖，只有最適合的領導者。所以經理人要懂得權變（Contingency Theory），在不同的工作崗位上，做不同風格的領導者。
・優秀的領導人是因為先相信而後才看到，這就是所謂的境界與格局。

[重點思考]

1. 想一下對你而言，影響你最大的領導人是誰？他
（她）帶領你經歷什麼樣的事件？你認為他（她）的
領導特質是什麼？以及屬於哪一種領導行為。

2. 如果以 Fiedler 的權變理論三要素：領導人與成員的
關係、工作結構、領導人之地位與權力來看，你現在
公司老闆帶領團隊是屬於怎樣的情境模式？

3. 看看現在世界知名政治或企業領導人，你最欣賞的是
哪一位？為什麼？可從本章中所提到的任何一個領導
理論觀點來加以說明。

[重點回顧]

1. **領導的基本定義：** 在群體目標的前提下，人與人之間
透過影響力來改變他人的行為，進而達成目標。

2. **密西根大學研究將領導者的行為分作兩類：** 以工作為
中心的領導者關心工作的完成與效率，以員工為中心
的領導者則關心員工的感受、互信、與衝突的避免。

3. **懷特（White）和李皮特（Lippett）提出三種領導行
為方式理論：** 權威式領導（authoritarian），民主式
領導（democratic），放任式領導（laissez-faire）。

4. **布萊克和莫頓（Blake& Mouton）定義五種領導基本風格：**貧乏的風格（Impoverished Style），俱樂部風格（Country Club Style），組織人風格（Organization man Style），權威風格（Authority-Obedience Style），團隊風格（Team Style）。

5. **費德勒（Fiedler）的權變理論三要素：**領導人與成員的關係，工作結構，領導人之地位與權力。

6. **House 的路徑──目標理論（Path-goal theory）三項影響力：**成員的工作滿足，成員的工作動機，成員對領導人的接受度。

11 / 談媒體依賴：影響力怎麼來？

你我都要知道，媒體傳播效果是要看狀況的。
媒體與新世代的融合，將讓你認知的世界產生驚喜的改變。

　　有人說現在是資訊爆炸的年代，現代人們一周所接受的資訊量，可能比唐朝楊貴妃一輩子所接受的資訊還要多。所以，現代人要一邊吃荔枝一邊看電視新聞，一邊洗澡一邊聽 Google Home 播音樂，若再加上網路與社交媒體（Social media，如 Facebook、IG、YouTube、Tiktok、小紅書、Twitter……等等），人們接受資訊的來源越來越多元，過去時代認爲傳統大眾媒體有似君臨天下壟斷人們認知的情況已不復見。

　　其實，學者喬瑟夫·克拉伯（Joseph Klapper）在 1940 年代左右提出**有限傳播理論或稱有限效果論（the Limited Effects Theory）**，主要觀點是：大眾傳播其實是沒有力量直接改變受眾者對所有事物的態度，通常人們會選擇自己已有

既定看法的觀點來強化自己的認知，也就是人們對於大眾媒體傳播的內容是有選擇性的，並非一味的被動接受所有大眾媒體傳播的內容。這道理很容易理解，就像不同政黨推出不同的候選人，每個候選人都會透過大眾媒體傳達自己的政見理念，最終各個候選人都還是擁有屬於自己的支持者，因為人們會選擇自己想聽的內容。

使用與滿足理論（Uses and Gratifications）

　　布倫姆勒（Blumler）及凱茲（Katz）等人於 1974 年提出的**使用與滿足理論（Uses and Gratifications）**，是傳播學中研究大眾媒體議題從「受眾者」的角度來思考，分析「受眾者」對媒體的使用動機（可能是來自社會或心理需求），得到滿足後進而可以探討不同媒介對人們帶來的心理與行為上的效用。這個理論開啟「受眾者是主動的」觀點，這也告訴我們，受眾者（或觀眾，或消費者）不再永遠都是被動的接收媒體傳播訊息，反而是在媒體傳播內容的「前中後」過程中，受眾者都是主動的角色。

　　例如：當你一邊通勤時想一邊聽 Podcast 的時候，清單上列出上百個推薦節目，到底要選擇哪一個節目來收聽？這

是媒體傳播內容「前」受眾者主動的「選擇」。當你選擇了某一個 Podcast 節目收聽時，你可以將它完整聽完，或隨時停止收聽或甚至更換節目，這是媒體傳播內容「中」受眾者主動的「參與」。當你聽完這個節目後，你可以根據自己收聽節目後的體會、喜好、需求被滿足等狀態，決定自己下個階段的行動方案（可能你非常喜歡這個節目就到處跟親朋好友推薦，或這個節目你聽完沒有任何想法就選擇遺忘了），這是媒體傳播內容「後」受眾者主動的「使用」。媒體傳播內容的過程是一連串動態改變的有機體，因為受眾者的需求是不斷在改變的。使用與滿足理論的最大價值之一為對以往媒體傳播效果是萬能或是有限的給予適當修正。

我們來看這個案例：

Mia 經營時尚產業的網路代營運事業多年，最近被品牌公司好友張董延攬到自己公司擔任業務總監，張董希望藉助 Mia 二十年來的業務經驗來幫助公司所有品牌發揮最大成效。Mia 加入公司後發現，公司的三大品牌慣用的廣告行銷模式是花大錢請知名的明星代言而後透過大眾媒體方式，如電視節目置入行銷來加以推廣，跟 Mia 過去代營運的習慣在廣告預算有限的狀態下找大小網紅代言的小眾媒體精準行銷

認知紅利｜一個人、一群人、一個組織｜

推廣方式迥然不同。Mia 也發現，按照公司原本慣行的大眾市場行銷方式也是有穩定成效，但在 Mia 的經驗又告訴她自己，品牌廣告預算的配置應該要更優化調校才是……到底怎麼做比較好？

　　經理人帶領團隊要發揮影響力，經營事業善用媒體時更要發揮影響力才能達到期望效果，與其想該選擇哪些媒體，不如先想想自己要影響的對象（受眾者）是誰？在上面 Mia 的案例中，當 Mia 在考慮公司年度廣告預算怎麼配置時，其實她要先想想公司產品的目標客群（target audience, TA）都依賴哪些媒體！進一步想，如果從使用與滿足理論切入思考，這個觀念告訴我們消費者在接受廣告訊息的前中後過程中是主動的，前中後三階段過程如果符合消費者的動機與需求，就能產生其媒體效果。舉例，如果公司某支品牌產品的 TA 是 45 歲以上重視質感內涵的熟女族群，若將大筆廣告預算都放於捷運公車站牌附近的家外媒體（OOH, out of home），假設這群 TA 的通勤方式比較大的比例是自行開車，家外媒體可能就無法凸顯其效果，這意味著在媒體傳播內容「前」受眾者主動的「選擇」階段中，這項家外媒體根本就沒有讓這群受眾選擇到，後續的效果就不用再多談了。

現在你一定會同意，如果我問你 Mia 應該要選哪一種媒體比較有影響力，你的答案肯定是：看狀況！我們常開玩笑說小學生才回答選擇題，這是告訴我們：對許多答案必須多想幾層，天底下沒有絕對好的方案，必須看情況而定。

媒體依賴理論（Media-system Dependency Theory）

而這情況，在學術上我們稱之為情境（contingency）因子，經理人應該關心的不是哪種媒體比較好，而是不同媒體（media system），在不同情境下（social system），對不同人（stakeholder）會有不同的影響效果。而探討此項問題的理論之一，就是媒體依賴理論（Media-system Dependency Theory）。

媒體依賴理論由狄弗勒（DeFleur）與博羅奇（Ball-Rokeach）等學者於 1976 年所提出，主要在探討「為什麼媒體對不同人有著不同的影響？」為媒體系統、社會系統與受眾系統三者之間的交互依存關係所組成，而這影響是在試圖說明整個傳播活動的概象，也稱為「傳播生態理論」。而這生態中的影響又可以分成巨觀的社會影響，以及微觀的個人影響。媒體的選擇與依賴程度，依著不同情境以及不同對象

目的而有所不同。以巨觀的社會影響來說：當前些時候台灣COVID-19疫情嚴重，每天收看「中央政府流行疫情指揮中心」的疫情記者會報導疫情最新狀況，成為在當時混亂社會狀態下安定民心的方式。若看微觀的個人影響，例如：年輕人會透過社交媒體來獲得資訊，而年長者反而主要由電視書籍來吸收資訊。當一個媒體滿足人們在特殊社會環境下的資訊需求時，它就會影響人們的思想與行為。經理人要懂得沒有媒體是最好的，必須要靈活交互應用。

個人對媒體依賴其實是有動機的，最主要的原因在於人們基本上都是期望自己不斷成長，因受眾者透過與媒體之間相互依存關係，進而達到以下三個目標：理解依賴（Understanding dependency）、指導依賴（Orientation dependency）及娛樂依賴（Play dependency）。

・**理解依賴（Understanding dependency）**：個人希望透過媒體提供的內容資訊來瞭解生活社會中更多的資訊，包含工作、興趣、嗜好⋯⋯等各種議題。例如：人們為了想瞭解每天國內外所發生的即時新聞狀況，固定每天會瀏覽特定的新聞入口網站。

· 指導依賴（**Orientation dependency**）：個人希望透過媒體吸取人際互動的經驗與能力，進而再將獲得表現在個人的工作上或人際關係上。例如：想投資股市的人，會固定觀看財金專家的文章或節目。

· 娛樂依賴（**Play dependency**）：個人希望透過媒體提供的內容資訊本身來達到歡樂或放鬆等娛樂效果。例如：一般觀眾閒暇時間追劇、玩手遊，或滑影音都屬於此類。

媒體的種類很多，一般而言可以分做大眾媒體、小眾媒體、與個人媒體（或稱自媒體）三種。像是老師訓話是一種大眾媒體，同學聽聽就會睡著。如果老師在講授同學有興趣的課程時，比較不會睡著，因為是一種小眾媒體。但是當老師單獨跟你說話時，那大概就是睡不著了，此時就是個人媒體了。哪一種媒體比較好？答案是不一定，媒體在不同的社會環境與閱聽人的互動下，會有不同的效果。

1. 大眾媒體：

如果一個訊息傳播給所有人聽，這個媒體就是大眾媒體。1920 年代大眾媒體當道，人們普遍認為大眾媒體對閱聽人的心理有立即與直接的影響效果，甚至有洗腦的作用，稱

之為**魔彈效應**（**magic bullet effects**），就是將大眾媒體的訊息視為子彈，不斷射向坐以待斃的受眾者。許多實證的結果不一定支持魔彈效應（例如：有限傳播理論），但是普遍許多企業還是相信大眾媒體的效果，才會產生企業砸大錢買各種廣告的情形。

　　大眾媒體訊息的結構在過去數十年來有了顯著的改變。早期的電影是單一男女主角、單一劇情、按著時間點發展，所以電視看久會呆掉。但是現在的影集偶像劇卻不是這樣，不再只有一對男女主角，而是許多人的故事穿插地進行，劇情也不再是依照時間線性地發展，而是一會兒現在，一會兒過去。許多劇情也有斷層，讓閱聽人有想像的空間。所以現代大眾媒體的非線性內容表達，也能刺激人們組織零散資訊的能力。

　　此外，大眾媒體的形式也因應數位科技的進步更多元化，除了 Podcast 這樣的網路廣播型態的內容產生，近年來數位家外媒體「DOOH」（Digital Out-of-Home）更是一種新興廣告媒體，這種結合螢幕與數位傳輸的模式，透過數位科技分析螢幕前受眾者的特質屬性，即時傳遞合適的廣告內容給路過行人，或是藉由智能定位（Location Intelligence）

將地理天氣等數據資料精準分析，幫助企業更準確預測未來需求。這樣結合數位科技與內容的媒體傳播應用，成為現在大眾媒體的最新趨勢。

2. 小眾媒體

如果訊息是設計給特定人，就是一種小眾媒體，這其實是相對於大眾媒體。小眾媒體是針對特定族群設計的，受眾者範圍比較小，像是美國美食頻道 Food Network，就是不斷播放美食節目的頻道，自然會希望喜歡美食或料理的觀眾收看，所以特定內容就會吸引特定族群的興趣。

媒體依賴理論假設，媒體要有影響力，就要針對不同對象與不同情境有著不同的設計。像是在工作與升學壓力下，社交媒體若能滿足宅男宅女的資訊需求（needs），又符合他們的年齡（stage）與人格特質（personality），就會影響他們的心理行為。此外，媒體對受眾者的影響是選擇性的（selective influence），像是線上遊戲對小孩是有影響的，但是父母卻因比較少在其中找到樂趣而排斥它。當某些小眾媒體的影響範圍越來越大的時候，這時小眾媒體與大眾媒體的界線就越見模糊，例如：當競技手遊（如傳說對決）從學

生族群擴展到成年族群時，你可能就會發現自己身邊有玩傳說的人比沒玩的人還多，此時的你就千萬別忽視它的影響力了！

3. 個人媒體（或稱自媒體，self-media）

傳統媒體無論是大眾還是小眾，受眾者主要還是處於「閱聽」的角色，自己並不能參與創作。如果個人能主動的在網路上創作內容，就成為個人媒體。

當個人可以掌握媒體，影響力甚至可能大過傳統媒體出版商。譬如，世界知名職業足球員克里斯蒂亞諾・羅納度（Cristiano Ronaldo），他的 IG 帳號有 4.9 億的關注者（Followers），中國知名女演員楊冪在新浪微博（Weibo）官方網站上的粉絲數有超過 1.1 億人數。他們這些人的個人影響力，在某些領域已經高過主流傳統媒體。

傳統媒體的的策略在於分析目標族群的需要，設計內容「推」向受眾者，而自媒體主要是把受眾者「拉」（吸引）過來。吸引的方式可以是有目的的搜尋（關鍵字行銷），無目的的社交（社交中意外發現有趣的資訊），或是激發熱情後的主動分享（Web 2.0）。在這些年自媒體盛行的時代，產

生了一種新職業「網紅」，這種職業的經營模式就必須透過不斷創造創作各種具備個人強烈特質的內容（通常是影片或歌曲），吸引更多粉絲（自流量），當群體已經大到維持營運時，其網紅經營模式就可持續下去了。

如果我再問你，推與拉哪一種比較好？經理人必須多想幾層，時髦的不一定比較好。

　認知紅利｜一個人、一群人、一個組織｜

世代差異牽動媒體的選擇

　　從傳統媒體到現在網路媒體，相信大家都已經發現當今所有的產品經理人或行銷人員都面臨著服務不同世代重大挑戰：嬰兒潮（高齡消費力龍頭，1946~1964，經歷全球經濟繁榮的年代，注重健康與養生，個人職涯時間拉長），X世代（中生代領袖，1965~1980，經歷各種產業因科技轉型，融合傳統與現代的文化，適應與抗壓力強），Y世代（最大就業族群，1981~1996，同儕的影響力大過家人，因童年就接觸網路，喜歡體驗勝過有形的消費），Z世代（數位原生族群，1997~2009，線上線下界線完全模糊，樂於以各形式分享個人想法），α世代（科技是自我延伸，2010年後出生，接受良好教育，科技為原生必須品，新資訊接受度極高）。當嬰兒潮與X世代在看電視新聞主播播報新聞的時候，Z世代與 α 世代則是看著YouTube、Tiktok或小紅書。嬰兒潮與X世代的學習是讀書看雜誌，Z世代與 α 世代的學習是透過線上互動學習。而嬰兒潮與 α 世代同時都用LINE這樣的通訊軟體（台灣現在有超過90%以上的人使用LINE）。世代差異牽動不同媒體的選擇，某些情形世代選擇的媒體不同，而某些狀況大家都會使用同樣的媒體。

不知道你是否有聽過家裡的長輩告訴你，某個大白天早上他在家裡接到詢問市政滿意度等問題的民意調查電話，沒錯，這確實是嬰兒潮與Ｘ世代曾經歷過的市場調查方式。然而，這奇妙的市調方法放至今日繼續採用時，我們在這必須誠實的告訴你這種市調結果肯定是錯的，因為這年頭有手機有網路，裝市內電話的家庭越來越少，有市話且白天早上能在家裡接市內電話的人又是哪些人呢？這群人的回答能代表全部人的心聲嗎？換個角度想，當你看到這樣的市調報告，它對你有影響力嗎？我們相信大家的腦袋都是清醒的，這告訴我們如果媒體給的內容是來自這樣的調查報告就不要太信以為真。

　　這些年開始流行用「網路聲量」的方式來分析特定主題，例如人物、議題或某些事件觀點的討論度、曝光度……等，這種透過大數據人工智慧以語意分析的科學方法，能運用在市調、選舉、政府政策、商業……等各方向。由於這樣的科學方法可以從網路各處抓取各種類型的相關資訊回來拆解後加以分析，相對於傳統的市話民意調查，這樣的來源是比較公正客觀的，調查者也可以根據不同媒體來源分別給予各自的聲量評估成效，媒體編輯再根據自己的觀點針對不同的結

果給予各自論述，Y世代之後的族群確實也非常願意甚至是習慣在網路上發表自己的看法。然而，腦袋清楚的我們再換個角度想，聲量來自於網友主動留下的記錄，又是哪些人會在網上留下記錄呢？所以這也告訴我們，即使是網路聲量或者是社群行為客觀數據分析報告，我們也需抱持著有觀點的態度來看待這些數據，才不會被數據給騙了。

如果你現在就在媒體產業，我們想跟你說不要過度高估自己的影響力，因為受眾者是主動的善變的，而自媒體的威力無法擋，你只要擔起社會責任做出正直的報導就對了。

如果你是企業經理人，不妨想想花錢買廣告划算還是建立自媒體比較值得？請不用立即回答這個問題，先看清楚你想影響的對象是誰。

如果你是一般受眾者，請保持理性的頭腦，不要被文字數字的陷阱蒙蔽自己的雙眼，當然偶爾不過分的衝動消費對自己是一種犒賞，提高自己生活的幸福感是絕對有需要的！

[重點思考]

1. 想一下你平時最常使用或瀏覽的媒體是？使用的目的是什麼？從理解依賴、指導依賴及娛樂依賴三部分來探討。

2. 分享你最喜歡的網紅，說說他（她）們吸引你的原因為何？

3. 如果你要幫你的公司（或你喜歡的品牌）建立自己的媒體渠道，你會怎麼進行？

[重點回顧]

1. **有限傳播理論**：大眾傳播是沒有力量直接改變受眾者對所有事物的態度，通常人們會選擇自己已有既定看法的觀點來強化自己的認知。

2. **使用與滿足理論**：從「受眾者」的角度來思考，分析「受眾者」對媒體的使用動機得到滿足後，進而可以探討不同媒介對人們帶來的心理與行為上的效用。

3. **媒體依賴理論**：為媒體系統、社會系統與受眾系統三者之間的交互依存關係所組成，試圖說明整個傳播活動的概象，也稱為「傳播生態理論」。

4. **媒體的種類**：一般而言可以分做大眾媒體、小眾媒體、與個人媒體（或稱自媒體）三種。

認知紅利 ｜一個人、一群人、一個組織 ｜

12 / 談知溝：知識分享擴大知識鴻溝

知識鴻溝的產生往往在不經意中發生。學如逆水行舟，不進則退。

上一章我們談到媒體依賴當中提到人們之所以依賴特定媒體是因為有既定的假設，這個假設前提是人都是期望自己能不斷成長，才會透過期望媒體吸收相關資訊，進而對自己在工作或生活上有所幫助。

知識分享如同是一種資訊擴散的過程，由知識密度高的地方，擴散到知識密度低的地方。你分享我不知道的，我分享你不知道的，久而久之，知識的差異就會被抹平，而達到知識共享型的企業。同樣的，Web 2.0 也刺激了社會層次的知識分享，讓人們彼此的知識交流更為頻繁，久而久之，社會就會成為知識型的社會，弭平了知識落差。

看完上面這段，如果你贊成上述的講法，那就太天真

了！經理人都是「高級」知識分子，許多時候，在解讀理論時，需要多想幾層。因爲資訊技術能達到的功能是一回事，而使用者的動機與能力卻是另一回事。

知識鴻溝理論

　　首先提出類似質疑的，應該是 1970 年代美國明尼蘇達大學（University of Minnesota）的菲利浦‧蒂奇那（Phillip Tichenor）教授。他認爲資訊技術與媒體傳播訊息的發達，每個人都會因爲不斷獲取資訊而知識不斷增加，但是這樣的傳播不僅不會消弭社會群體之間的知識差異，反而會擴大群體彼此間的知識鴻溝。其原因是社會經濟階層（或教育程度）較高的人，更善於使用科技與媒體可以更快速獲取更多的知識，進而擴大知識落差。這個理論，便叫做**知識鴻溝理論**（**Knowledge Gap Theory，又簡稱知溝理論**），是傳播學中的一個假設，其實這個狀況是社會中階層分化的結果呈現，產生這樣結果有幾個原因：

　　1. 既有知識儲存量的差異：個人對於所接收的訊息知識的既有相關知識量，此處也包含品質與數量。既有知識儲存量越多的人，對之後再接受相關知識的提升效果越強。

2.社交族群範圍的差異：交友人脈的社經地位層級，或者對於該知識認知的程度差異。不同社會階層的人會有不同的知識儲存量，對此知識傳播流通的質量就會有所差異。

3.訊息選擇的差異：社經地位較高者，接受傳播知識的機會更多元，相對可以接受知識的選擇更多，吸收知識的速度更快。

4.個人既有特質的差異：這裡指的是接收媒體傳播訊息的受眾者先天特質的不同，包含內在學習動機、原生家庭教育、貧富差距等。一般這樣原生條件較好的人連帶社經地位較高。

我們認為另外還有一種特質是個人「**自我效能（Self-efficacy）**」的差異，在媒體傳播訊息過程中，個人對於知識或資訊的理解程度扮演重要的關鍵因素。這個觀念是心理學家亞伯特・班度拉（Albert Bandura）於 1982 年從人們在社會學習過程中所提出。自我效能就是自己對於完成某件工作能力的主觀評估，特定領域自我效能越高的人，越會認為自己能在此特定領域表現較為出色（也就是較有信心能表現優異），往往更容易把困難的任務看成是需要掌握的事情，而不是選擇要避開。在這觀念下，自我效能越高的人，接收媒

體傳播的知識越久之後，擁有的知識含量將遠高於自我效能越低的人。

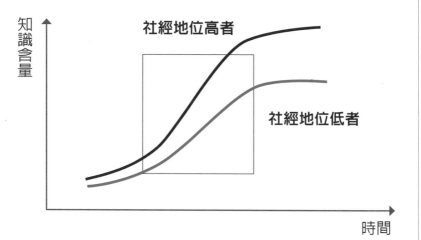

■知識鴻溝理論 (Knowledge Gap Theory)

社經地位高者

社經地位低者

知識含量

時間

・網路讓人人有上網分享的權利，但不是每個人都有使用知識分享系統的動機。願意使用網路的人所獲得的知識量會越來越多，進而在組織與社會中造成另一類的落差。

代溝來自於數位落差

　　知溝理論提出的年代較早，當時電腦網路還未發達，到 1997 年學者特雷弗・海伍德（Trevor Haywood）重新研究此一現象發現。雖然資訊科技已經快速發展，但並未改變這樣的社會基本現象，也就是有「**資訊菁英**」的存在，主要在於即使有了電腦與網路，有些人常常使用，有些人很少使用，資訊菁英因為常使用能力仍舊不斷增加，所以知識鴻溝仍然存在。當時甚至有研究調查發現，因為社經教育貧富地位的差距，富有者接受教育的機會較高，高學歷使用資訊科技的比例遠高於低學歷者，如此一來，高學歷接受知識的質量就遠高於低學歷者，從此其知識資訊鴻溝更大。

　　這個道理很簡單，像是有錢人的小孩因為擁有電腦的比例較高，弱勢族群的家庭卻買不起電腦給小孩，所以電腦網路並沒有弭平知識落差，反而擴大了知識落差。當有人主張送電腦到鄉下與偏遠地區，並教他們使用電腦，以縮小數位鴻溝（或可稱數位落差 Digital Divide）。其實這是一個粗糙的想法，因為造成數位落差的原因，不只是有沒有電腦，而是要利用電腦什麼？

這樣的數位落差，普遍存在於 Y 世代前後族群的認知差異，當時年輕人使用網路很頻繁，父母較少（甚至是阻止）使用網路，認為網路用太多就不讀書了。但時至今日已經不是網路不網路，因為走到哪都有網路，現在的父母想的可能就是要不要給孩子手機，認為手機用太多就不讀書，所以不管是哪種科技，當有數位落差時，代溝就會越來越大。使用社會網絡的人，資訊越來越多，不用的人將與社會資訊越來越脫節。重點不只在你有沒有電腦或手機，而在你使不使用電腦或手機，以及你用電腦或手機網路在做什麼？試著想想，當你的手機只是拿來記錄行事曆與傳 LINE 訊息，跟年輕人用手機滑 Tiktok 與小紅書，這當中會有什麼差距？

習慣領域造成的鴻溝會淹死你

如果你看待上面的敘述認為這只是單純的代溝，那現在就請你看看下面這則小案例了：

十多年前，莫姐偶然機會與一位號稱程式神人級的朋友聊天，言談中這位神人朋友說他平時休閒興趣就是研究他自己寫的一支期貨自動交易的程式，並且希望透過這支自己設計的程式可以早日到達財富自由的狀態。這些年大家可能常

常聽到程式交易，其實就是透過程式系統設定後，讓股市期貨或數位貨幣的買與賣的交易可以自動執行。……這麼多年過去，這位朋友早就財富自由了……

當你看到這段案例分享的時候，不知道你腦中浮現的問題是什麼？

什麼是「程式交易」？真的還假的有那麼厲害嗎？到哪邊的投資平台有這種工具可以用？這種程式穩賺不賠嗎？這位神人到底賺了多少錢，還是這位神人現在在哪呢？

莫姐的這位神人朋友，就是前面提到所謂的「**資訊菁英**」，當你用網路在跟朋友哈拉聊天的時候，他正在優化他的程式用網路進行交易。你心中浮現的問題某些程度就可以反映自己在這個領域上的知識含量，當然我們要強調，這樣的神人是極少數個案。但在這位神人熟悉的特定領域上，他的知識含量的確高於其他人許多。

換個角度我們再想想這些年來，貨幣市場在數位貨幣（Digital Currency）如比特幣（BTC）、以太幣（ETH）……，甚至是非同質化代幣（NFT）等應用興起繁榮至當今，遊戲產業有手遊格鬥競技等職業電競選手出現，你是如何看待這

些新興科技帶來的新應用？當這些新資訊科技應用被越來越多人接受，而你還是拒之千里之外時，我們認為這是「**習慣領域造成的鴻溝**」！

當你聽說某個朋友因為投資了 NFT 而賺了一大筆，因為打職業電競收入優渥，或因為投資了比特幣遭逢大起大落的人生，仔細觀察自己的心中想法？這是一個與自己內心深度對話的機會，對於這些新興領域的應用，如果你尚未熟悉這些科技，你目前擁有的知識存量是來自於媒體對於現況的轉述，就請仔細推敲自己對這些事件看法，無感？眼紅？有興趣？冷眼旁觀？……

我們很容易發現，有時候自己無意之間就會抗拒接受新事物，不要為自己這樣的狀態感到失望或苦惱。根據心理學家研究，這是因為我們大腦中海馬迴與杏仁核相連的原因，新事物出現時，海馬迴找不到相關的長期記憶，便會向杏仁核發出陌生的訊號，讓我們產生不確定感。不確定感會讓人們直覺就是先抗拒新事物。

如果你是經理人，對自己未知領域抱持客觀公正的態度這是基本的專業，也就是「**先瞭解再給觀點**」這才應是你的

習慣領域（**Habitual Domains, HD**）。習慣領域就是人們遇到問題與處理問題後，習慣的表現方式。**「先瞭解再給觀點」**這樣的習慣是可以透過反覆練習的，只要掌握每一次與自己內心對話的機會，出現主觀偏見時即時調整即可。特別當你要發揮自己的影響力時，請記得現在是「自媒體」當道的時代，不是越資深就越有影響力，而是誰在特定領域有專業知識與獨到見解才能真正影響群眾。就像資深老師，很容易看到事件問題就加以評斷與論述，因為當老師的人，他的工作就是一直在教導人，所以這樣的習慣無形之中也會被帶到日常生活中。

依照使用與滿足理論，人們為了滿足各自的需求，主動挑選自己想要的資訊媒體來使用。過去我們的資訊主要來自於周遭生活的朋友，因此小朋友的朋友多半是小朋友，爺爺的朋友大都是爺爺，因為不同齡很少彼此互相溝通，而有市場區隔的概念。在網路世紀中卻不是如此，傳統市場區隔將因跨區隔的文化融合而打亂，你隨時可以發現，一場《傳說對決》手遊中，遇到的對手或隊友可能有 10 歲也有 50 歲，這是再平常不過的事情，當你發現 10 歲的兒子正在跟隔壁 70 歲的爺爺大談狼狗品種時，也不要太訝異，如今新媒體盛

行隨時隨處都可以吸收資訊。

新媒體到底是擴大還是消弭知識鴻溝呢？

這些年因為新媒體盛行，我們必須對「知識鴻溝」的概念給予重新反思。

1. 受眾者需自己選擇氾濫的媒體資訊：媒體資訊從網路到手機隨處可得，受眾者若不加以選擇將會迷失於媒體資訊氾濫的路上，每天光從網上讀一堆各國新聞就讀不完了，因此受眾者必須有能力清醒的判斷自己想要吸收的媒體資訊是什麼，並且理性的挑選適合自己的媒體。

2. 受眾者取得知識相對容易：也因為新媒體資訊隨處都是，受眾者取得各種知識的管道變得極為容易，這看似對消弭知識鴻溝是有可能的，但這些知識如果只是「類知識」短暫出現在受眾者的手機螢幕上，無法實際內化為受眾者的內在涵養，知識鴻溝終究還是存在。

3. 受眾者需有判斷錯誤訊息的能力：新媒體時代每個人都可以透過自媒體方式表達自己的觀點，都可以是所謂的知識網紅，但這些自媒體傳達內容的品質（正確性），將有待

認知紅利｜一個人、一群人、一個組織｜

受眾者自行加以判斷，否則知識鴻溝不減反增。

4. 受眾者對特定媒體的依賴比重過高：當媒體訊息過多的時候，受眾者會因習慣特定媒體後對於該媒體的依賴過重。例如：直接看懶人包，或特定 KOL 的內容，時間久了觀點的客觀性有待評估，這未必是好現象。當然如果依賴的媒體具有高度專業，確實能夠加快消弭知識鴻溝。

5. Z 世代受眾跨界自主學習：新媒體是 Z 世代後族群最直接的學習管道，跨界與自主學習讓這群受眾者能自信與勇敢學習知識，雖因如此導致正規教育體制的學習成效較薄弱，但這是弭平傳統城鄉學習落差的契機。

所以說，新媒體到底是擴大還是消弭知識鴻溝？答案一樣還是「不一定」。但我們可以確信的是，個人的「學習自我效能」在這邊扮演極為重要的影響因素。當你越有信心能自主學習時，你自主學習的成效就會越好。當你越有信心善用新媒體吸收知識時，你透過新媒體吸收的知識就會越多。這樣的結果讓越有知識的人，變成更有知識，進而影響力越大。

更進一步想，每個人的原生家庭父母親的社經地位與教

育背景很可能影響著個人的「學習自我效能」，這屬外在條件；當一個人從小接受到的教育環境資源與成長過程中經歷的事物條件都比一般人好的時候，我們不得不承認這是既定的不平等。這種現在社會中看到：為什麼大家搶破頭想擠進名校？為什麼一堆父母親想把自己孩子送到私立學校，甚至送出國讀書？看到這樣現實狀態也別氣餒，因為還有一種內在因素會影響個人的「學習自我效能」，其實透過自己內心的自我對話，給予自身正向的鼓勵，即可影響「學習自我效能」。所以即使外在條件比較不好的個人，例如偏鄉學生，在新媒體盛行的當下，強大自己的內心，善用媒體吸收知識，翻身的機會絕對遠超過傳統媒體時代。

　　因為媒體與文化的融合，這個世界正在改變，新媒體對受眾者是機會也是威脅，是把雙面刃。網路讓人人有上網分享的權利，但不是每個人都有使用知識分享系統的動機。願意使用網路的人所獲得的知識量會越來越多，進而在組織與社會中造成另一類的落差。身為這個世代的工作者，我們想再次提醒你，知識無限大，當你遇到你不曾接觸過的知識時，請別視而不見甚至產生抗拒心，先嘗試利用媒體工具收下它，或許未來的某一天你會需要用到它。

曾聽過某人講這樣的話：當班上的考試成績公佈時，你拿了 95 分，他拿了滿分 100 分，你跟他在這科目知識領域差距不是只有 5 分，只因這份考卷也只出了這些題目讓他寫！常保學習心吧！

[重點思考]

1. 想一下，如果有兩位同樣都是 75 歲的奶奶，一位認為使用智慧型手機會傷害眼睛，堅持不使用，另一位熱愛使用，認為使用 LINE 通訊軟體可以幫自己跟親朋好友與兒孫情感聯繫？到底怎樣比較好？

2. 依照你的判斷，如果你發現某個政府補助申請專案根本沒有機會拿到，但你的老闆又執意要你去嘗試申請的時候，你會怎麼做？

3. 從新媒體的角度，試著從你自己的一個興趣專長來討論，你是怎麼透過媒體來吸收知識與學習？

4. 有人說「金錢能買到最好的教育」，你怎麼解讀這句話？

5. 試著說說，如今的新媒體盛行，給你帶來生活上的便利與困擾。

[**重點回顧**]

1. **知識鴻溝（Knowledge Gap Theory）**：傳播理論之一，社會經濟階層較高的人，因更善於使用科技與媒體可以更快速獲取更多的知識，進而擴大群體之間的知識差距，稱之為知識鴻溝。

2. **自我效能（Self-efficacy）**：自己對於完成某件工作能力的主觀評估，特定領域自我效能越高的人，越會認為自己能在此特定領域表現較為出色。

3. **習慣領域（Habitual Domains）**：人們遇到問題與處理問題後，習慣的表現方式。

4. **新媒體盛行對「知識鴻溝」的反思**：受眾者需自己選擇氾濫的媒體資訊，受眾者取得知識相對容易，受眾者需有判斷錯誤訊息的能力，受眾者對特定媒體的依賴比重過高，Z 世代受眾跨界自主學習。

認知紅利｜一個人、一群人、一個組織｜

群體、敏捷
與
人性管理

· 善用社會資本與群體力量,利他後最
終一定會利己。

· 敏捷精神跟上變動創造韌性,看懂人
性給予適切管理。

13 談社會資本：
社群該如何運作

· 社會資本幫助跳脫慣性思維
· 社會資本發展

14 談群體影響：
多數就是好的嗎？

· 群體迷思與極化
· 群體影響

15 談群體合作：
有看到合作紅利嗎？

· 群體發展階段模型
· 群體動力理論
· 群體合作

16 談社會選擇：
民主不一定是多數

· 社會選擇
· 投票悖論
· 群體決策

17 談敏捷精神：
站在變動的肩上

· 動態能力理論
· 敏捷精神創造組織韌性
· 賦能授權
· 網絡型自組織

18 人性管理：
幸福是根本之道

· 人性管理意涵
· 企業經營根本之道

　　前兩篇重點是從個人本身出發論述，談論個人自我認知決策，以及人際互動說服溝通與影響力等觀點。本篇重點在強調，人際之間互動因不同動機產生不同群體，而多個群體結構下便形成的社會網絡，這個社會網絡所帶來的價值就是社會資本。每個人在社群中的位置是動態靈活的，所以不同社群帶給個體的社會資本價值也不同，而群體是一群個人所組成，因此不同社群對群體產生的影響力也不同。

　　人們總是在不知不覺中被群體影響卻不自知，而這個影響有好有壞，所以有社會促進效果與社會抑制效果，當然也會有群體極化與迷思的情形發生。若自己能掌握加入社群的第一性原理，這個第一性原理是單純利他的初衷，群體動力與群體合作理論讓我們知道，看似簡單的利他行為，到最後都還是造福到自己。抱持開放的心擁抱你所擁有的社會資本，合作紅利會讓你有意想不到的驚喜。

群體中的社會選擇也讓我們知道，許多時候群體的最終決策很可能不是多數人心中的最佳決策，這是民主課題。但社會企業組織必須持續營運，面對如今變動劇烈的大環境，變動中產生的動態紅利我們拿得到嗎？我們認為個人要有動態能力變動思維，企業要有敏捷精神與韌性，明白企業群體中的人性需求，創造彈性自主的營運規則，經營者懂得讓員工獲得認同以及在組織間得到良好的人際關係，最佳的人性管理需要將利己與利他充分融合，個人、群體與企業方能平衡穩定正向發展，這是本篇帶給大家的觀點。

　　本篇共有六章群體、敏捷與人性管理相關的理論談論上述意涵，希望受用。

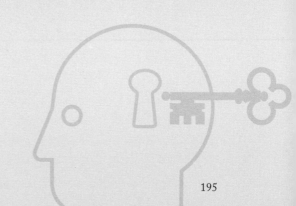

13／談社會資本：社群該如何運作

社會資本幫助跳脫你的慣性思維，無論在生活或工作中善用社會資本都可改造你的人生道路。

老陳是位軟體工程師，平時除了寫程式之外業餘也喜歡研究汽車，因此會關注一些汽車討論區上的談話內容，後來開始迷上如何改裝汽車，索性加入一個改裝車社群。群裡的車友們大家平時互通有無討論各自的改裝項目與成果，車友們還會互相幫忙到國外網站購買相關的改裝零件。初期老陳的太太對此行為頗不以為然，認為改車花錢花時間，但因尊重個人興趣所以沒多表示什麼……就這樣持續了一年多……老陳的汽車也改裝到太太快要不會開了……。

某一天晚上，老陳五歲兒子小陳突然喊上牙齦痛，哭鬧到半夜夫妻兩又擔心又疲勞根本無法睡覺，就在太太已經累到講不出話的時候，老陳突然說：「我問問一個車友，他是

牙醫，可能看小孩照片可以給我們一些診斷……」就在半夜一點多，這位牙醫車友看了小陳的牙齦照片後，跟老陳說這應該是蜂窩性組織炎，隔天早上要立即就診。

小陳從小最怕看牙齒，車友牙醫剛好是位非常有愛心的兒童牙醫，就在隔天早上馬上幫小陳進行一連串的治療。經歷這個事件，老陳的太太開始對「車友」改觀了，後來小陳看牙齒就指定一定要找這位車友牙醫叔叔。

又過了幾個月，太太開車不小心發生擦撞，車子需要烤漆板金，送回原廠維修報價要七萬多元，此時老陳又說了：「我問問車友有沒有推薦的烤漆廠……」就在好心車友的推薦下找到了一位板金烤漆達人，太太的車最後花了一萬多元恢復原貌。

從此，「車友」這名詞在太太的心中，等於「臥虎藏龍」了！

從上面這則故事我們發現，如果老陳沒有加入這個改車社群，除了太太要多花好幾萬元修理她的車子，兒子蛀牙造成蜂窩性組織炎若無法盡快就醫後果無法想像。參與社群是因為興趣，但社群給自己帶來的幫助與影響往往不是我們可

以預先設想的。這樣的社群也就是老陳的社會資本之一。

　　人生過程中，每個階段都會交到不同朋友，你有沒嘗試盤點過自己的朋友群組中有分哪幾類，可能有車友、教友、媽友……，再低頭看看自己手機裡的 LINE，算算到底有多少群組，這某些程度可以代表著你個人的生活圈以及人脈資源。手機群組裡，可能有小學同學群、國中同學群，甚至到 EMBA 班群，有不同時候的同事群組、廠商客戶群，或是自己因為興趣嗜好而加入的不同社團群組（投資群、爬山群、健身群……）、團購群組……等。這些各式各樣的群組，可以簡化說就是你個人的社會資本，想想看，同樣年紀的兩個人，一個高學歷高知識但沒什麼朋友，另一位學歷普通交友廣泛，兩人生活碰到困難要尋求外援時，誰比較能快速解決問題？同樣兩間公立小學，一間在人口稀少的偏僻郊區，一間地處市中心附近又有知名大學，兩間學校學生同樣要參加教育部舉辦的科展競賽，哪間學校比較可能勝出？

　　再想想，當我們決定要一人自助旅行的時候，治安這件事肯定是要考量的項目，如果是女性朋友，大家更會強烈建議要去治安較好的地區旅遊，這樣的衡量其實也代表著這個國家的社會資本。住在台灣的我們時常發現，我們的社會文

化本質上是充滿愛心的，就以最近 2023 年土耳其大地震民間捐款沒幾天總金額就超過 10 億元，有時是企業帶領（例如：台積電疫情期間的各種善舉）或是宗教團體帶領，這種非政府主導而是由民間團體自主的善行，都證明台灣就是一個具備互信互助有愛之社會資本（social capital）的寶島。

當我們評價一個社會的互助信任程度時，例如：小至是否敢搭陌生人便車，夜晚女性敢獨自一人在路上行走，大至這個地區甚至國家是否適合投資做生意，這些都是在衡量其「社會資本」的高下。所以社會資本雖然無法具體用一個數字來說明其資本大小或優劣，但我們的日常生活實實在在被它影響著。當我們的企業一味追求智慧資本的當下，不可忽略社會資本的建立！

社會資本發展階段

社會資本的概念很早就被提出，我們簡單將社會資本的發展分為三個階段：**概念初創期、理念奠基期、成長擴散期**。

第一階段：概念初創期

1. 美國女性進步主義者漢妮芬（L. Judson Hanifan）在 1916 年撰文倡導恢復社區參與精神對維繫民主發展的重要，她提出「社會資本」（Social Capital）一詞作為論述核心概念，這也是「社會資本」名詞首次被提出，所指的並不是現實的社會階級也不是個人財產金錢，而是無形的善心（goodwill）、夥伴情誼（fellowship）、同情（sympathy）和社會組成間的交流（social intercourse）。

2. 後來到 1973 年美國社會學家馬克・格蘭諾維特（Mark Granovetter）提出研究論文〈The Strength of Weak Ties〉其中提到**弱連結（weak tie）**在特定時候的力量是高於**強連結（strong tie）**的，例如人們在找新工作機會的時候。馬克・格蘭諾維特認為，一般人平時接觸最頻繁的人是自己的家人，親戚朋友與同事，因為這類的關係連結非常穩定容易造成認知上的侷限，也就是所謂的強連結。然而人與人的接觸另外又存在著一種廣泛的社會認知，例如：同學會上聽到同學分享他太太的公司最近一直在招募有潛力的 AI 工程師，這種可以造成跨越不同特徵群體之間的連結就是所謂的弱連結。由於弱連結可以跨越多個異質群體，造成更多的社會流

動現象，這就是弱連結的力量。現代很多人參加所謂的商務聯誼會的目的大致也是如此。

第二階段：理論奠基期

3. 法國社會學家皮埃爾・布迪厄（Pierre Bourdieu）在 1970~1980 年代在提出四種不同形式的資本：經濟資本（Economic Capital）、文化資本（Cultural Capital）、社會資本（Social Capital）、象徵資本（Symbolic Capital），他可以說是第一位在社會學上對社會資本提出分析的學者。他認為**資本是一種具有生產力的資源，本質是勞動的累積**，人們會在特定的場域中，利用自己擁有的某些資本資源來展開實踐行動，而這些資本是可以累積後轉換再製的。

布迪厄在社會資本議題中提出一個重要觀念：**場域**（**field**），他認為一個社會其實被分割成許多不同的場域，而一個場域是由不同的社會關係與社會要素組成的社會網絡（並不是實體存在的某個場所），而因為每個人在場域中所處的位置不同，便可獲得不同的資源以及發揮不同的影響力，每個人也會清楚自己所處的場域中所扮演的角色（資深或資淺），以及該用何種方式與其他人互動。布迪厄也提出

另一個觀念：**習性**（**habitus**），就是人們在自己所述的社會中特有的行動原則，這種原則是個人社會化後累積下來的傾向，例如：普遍認爲西方人比較會享受，東方人很喜歡儲蓄。

4.詹姆斯・科爾曼（James Coleman, 1980~1990）**將資本分爲物質資本，社會資本與人力資本**。他認爲社會資本是存在於社會結構中，也就是社會關係結構中的資源，包含人際關係與投入群體的聯繫。他從經濟學的角度討論社會資本，認爲人們透過這種社會互動來獲得不同的產出，包含經濟訊息，個人社經地位提昇等。由於這是一種人與人之間投入互動再轉化爲其他形式的資本產出，因此科爾曼認爲社會資本是一種公共物品（a public good），就是個人在所述的社會網絡內之貢獻可以使整個群體都受益，也可視爲是一種結合機制，讓不同的人透過社會網絡連結在一起，是社會結構的整合。

科爾曼又提出以「信任」爲社會運作方式，社會資本主要存在**個體（微觀）與制度與規範（巨觀）**兩個層面的互動。從微觀角度看，個體信任既有的社會關係，爲解決一個共同問題，個體會信任將控制權集中在特定人身上，並構成一個權力關係，以形成社會資本。再自巨觀角度看，爲了解決集

體行動的問題，透過外在支持與信任而得到合法及正當性的規範及懲罰；或者因為某一問題而自發地形成組織性行動，進而因這樣的自願性行為所產生具有公共性質的社會組織，這種概念完全體現於現在的社群運作，也是一種社會資本。

5. 羅伯特‧普特南（Robert Putnam, 1993~）採納科爾曼概念，擴展到從政治學角度來分析社會資本，他認為社會資本概念由三個部分所組成：**道德義務與規範（以互惠為基礎）、社會價值（尤其是信任）和社會網絡（特別是指自願組織）**，這是社會組織的特徵。人與人之間透過自願組織之間的橫向聯繫產生信任與互惠，進而產生與維持集體公民福祉，並促進政治社會與經濟繁榮。基於這個社會資本越強，國家的政治經濟就越強的概念，他認為對於政治穩定、政府效率甚至是經濟進步，社會資本應會比物質和人力資本更為重要。

第三階段：成長擴散期

6. 納哈皮特和戈沙‧爾（Nahapiet and Ghoshal, 1998）將社會資本分為「結構資本（Structural Capital）」、「關係資本（Relational Capital）」與「認知資本（Cognitive Capital）」，

這是將社會資本理論模式用來解釋組織中價值的創造，也由於此階段網路開始蓬勃發展，網路虛擬社群是架構在網路上的社會群體，個人與組織利用網路社群與他人分享資訊知識進而創造價值，就是一種資本轉換的過程，而此階段因網路的原生性造成組織運用社會資本概念迅速擴散。

所謂的**結構資本**，指的是個體與組織成員互動的聯繫頻次，投入時間以及互動網絡的大小密度。而**關係資本**指的是個體在社會群體網絡中因長期的互動所產生的信任互助，規範與義務，以及識別與認同等因素。而**認知資本**是組織中的個體之間建立共同語言與共同願景的價值觀。

隨著網站技術快速發展，社會資本被廣泛應用討論在企業與上游供應商，與下游客戶之間的互動連結，包含知識分享以及轉化後的智慧資本，也會從弱連結關係轉成強連結關係。近幾年社交媒體平台盛行，明星名人也會開立自己的網路帳號與粉絲互動維持線上直接的聯繫，有些明星的死忠粉絲會主動義務幫自己的偶像發起後援活動，日子久了這些死忠粉絲與明星之間的親密關係也會從弱連結轉為強連結，甚至有種說法認為「死忠粉絲是被明星需要的家人」，這都代表著無論是企業或個人，只要善用個體與群體之社會資本，

認知紅利｜一個人、一群人、一個組織｜

將可轉化爲其他各種的資本形式，更說明著社會資本在網絡社群中的價值含量。

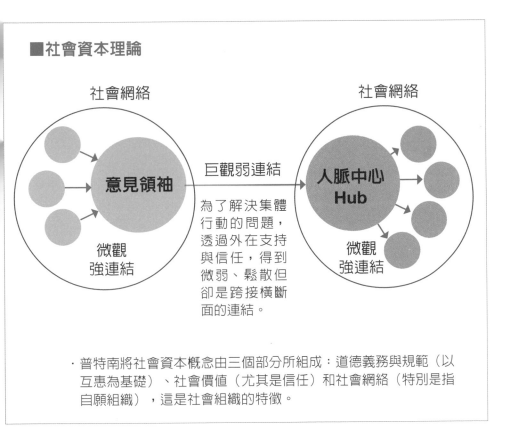

■社會資本理論

社會網絡

意見領袖

微觀強連結

巨觀弱連結

為了解決集體行動的問題，透過外在支持與信任，得到微弱、鬆散但卻是跨接橫斷面的連結。

社會網絡

人脈中心 Hub

微觀強連結

· 普特南將社會資本概念由三個部分所組成：道德義務與規範（以互惠為基礎）、社會價值（尤其是信任）和社會網絡（特別是指自願組織），這是社會組織的特徵。

你在社群的位置是動態靈活的

瞭解了社會資本的發展階段後,接著我們來思考社會資本與我們個人的關係。仔細想我們所處的任何社群中,都存在著兩個成分:第一是客觀的網絡結構,就是連結人與人的關聯的社群網絡本身;第二個是主觀的個人連結(A subjective type of tie),這種連結(tie)會以某種特定的形式存在,同時可以解釋你在該社群中的位置所代表的意涵,一般來說分為以下三種形式:

1. 內聚式(bonding)社會資本:一般指強烈的結合(strong bonds)與社會凝聚(social glue)的特質。例如,家庭成員與族群內部成員,或學校的同班同學。

2. 跨接式(bridging)社會資本:一種異質性,微弱、鬆散但卻是跨接橫斷面的連結。例如,不同族群的結盟、宗教團體、工商協會、朋友的朋友等。

3. 連結式(linking)社會資本:強調串連不同權力層次或組織社會地位的連結,這是一種垂直的連結,透過跨越這種疆界進而獲取資源。例如,政治菁英與一般大眾的連結,以及不同社經地位階級的連結。

每個人的日常生活都是在不同形式群體中與不同人互動，善於社交的人或參與自己有興趣的社團者，起初雖在跨接形式或連結形式的網絡中活動，經歷一段時間的互動累積過程，極有可能將原本的資本轉化成為內聚形式的社會資本，這表示自己在社群的位置不同了，也就是原本是被連結的角色透過信任互惠的相關互動後，成為另一個社群結構的中心（hub）。

　　由社會資本理論又可以發展出**六度分隔理論或小世界理論**（**Six degrees of separation or Small world theory**），認為任何互不相識的兩人，只需要很少的中間人（少於六個人）就能夠建立起聯繫；臉書團隊也曾透過臉書的註冊人數分析出所謂的分隔度，發現這個數字低於 4 個人。我們無須探究這個數字精準與否，我們要瞭解的是「世界其實很小」，因為走到哪很容易都會遇到有彼此共同朋友的人。這時不妨回想一下前面章節談到的「印象管理策略」其中的內外合一，人前人後如果能做到接近一致的呈現，你在不同社群中便可優游自得。

　　身為企業經理人除了自己要瞭解社會資本的重要，善用社群發揮社會資本的影響力之外，還可以利用以下這個我們

提出的「**社會資本形式矩陣**」，分析組織團隊各個成員或甚至是供應商與客戶的社會資本位置，進而給予不同的管理或合作策略模式。

1. **邊緣型**：低內聚與低跨接，位於該位置的成員或組織類似遊民狀態，容易被邊緣化甚至被取代，經理人應深入挖掘找出其優勢發揮價值才不至於浪費組織資源。

2. **運作型**：高內聚與低跨接，位於該位置的成員或組織能充分發揮自己對組織的核心能力，例如研發部門中的資深優秀工程師，這種人精於自己本業專長，是否朝向關鍵型發展需通盤考量配合組織中長期發展策略。

3. **溝通型**：低內聚與高跨接，位於該位置的成員或組織具有協作能力，具有變動思維與動態彈性，是組織要策略轉型時的重點栽培對象。

4. **關鍵型**：高內聚與高跨接，位於該位置的成員或組織是稀少又不易被取代的資源，經理人絕對要特別把握，透過合約或策略聯盟等方式創造共贏，若此類資源外流將造成組織的重大損失。

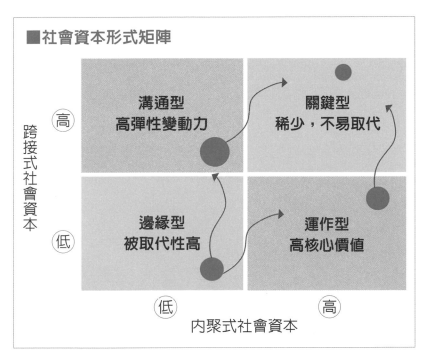

■社會資本形式矩陣

溝通型
高彈性變動力

關鍵型
稀少，不易取代

邊緣型
被取代性高

運作型
高核心價值

跨接式社會資本

高

低

內聚式社會資本

低　　　　高

掌握參與社群的第一性原理

　　上面我們談到社會資本對個人、社會、企業甚至對國家所帶來的影響與重要性都是正向居多，然而網路自媒體的興起也讓社群經營快速成為事業經營體的一環，個人用社群媒體打造自己的品牌知名度，企業用社群媒體維持公關與客戶直接互動，網紅事業是「模糊於個人與企業邊界」運用社會資本所產生的新商業模式，過度投入於社群經營造成個人壓

力過大的負面新聞事件近年來為數不少，這是值得我們思考的議題。

一百多年前學者埃米爾‧涂爾幹（Emile Durkheim, 1858-1917）從社會學角度出發曾提出一個名詞「利他式自殺」（Altruistic Suicide），有些人因為極度投入於自己所參與的團體組織，在當時的時空背景下會因為戰爭或宗教因素，出現一種不惜自我犧牲的行為，如自殺式襲擊的軍人或宗教衍生的殉道行為。

時至今日我們更想強調的是，人們會有自我增強的傾向，通常個體起初參與特定社群是因為認同社群討論的主題或興趣使然，但當自己越融入後，在社群制度與規範下得到更多的權力關係，自我增強因素產生成就感與價值感，造成認為自己更加投入就越能利他。積累一段時間後，有些人因身心過度疲累進而產生一種「利他式的過度犧牲感」，終究壓力過大逃離社群或甚至發生心理抑鬱的狀況。

到底該如何運作社群？回頭思考當初參與社群的第一性原理（First principle thinking，一個最基本的命題與假設），找出這個最底層的條件，可能是單純喜好攝影，也可能是投資理財達成財務自由……等等，掌握好這個第一性原理，後

續你的投入與參與行為都必須架構在這個基礎之上，就可維持一個健康平衡的正向運作，至於最終這社會網絡會長成什麼樣子，有時候不強求的結果才是最好的結果！

［重點思考］

1. 想一下，你的日常裡參與哪些社群（工作或生活皆可）？你在這些社群中扮演的角色是什麼？請以本章中提到的社會資本理論為闡述基礎。

2. 請舉一個你所參與的社群案例，具體說明你從該社群中獲得的幫助是什麼？以及是什麼原因讓你願意繼續參與此社群？

3. 從你的同事，客戶或供應商中，以「社會資本形式矩陣」為基礎，選擇一類來描述它所對應的位置，以及你認為正向的社會資本運作該如何操作？

［重點回顧］

1. **社會資本的發展分為三個階段**：概念初創期，理念奠基期，成長擴散期。

2. 美國女性進步主義者漢妮芬（L. Judson Hanifan）首次提出「**社會資本**」：是無形的善心（goodwill）、

夥伴情誼（fellowship）、同情（sympathy）和社會組成間的交流（social intercourse）。

3. **強連結**：關係連結非常穩定容易造成認知上的侷限。

4. **弱連結**：可以造成跨越不同特徵群體之間的連結。

5. 納哈皮特和戈沙・爾（1998）將社會資本分為「結構資本（Structural Capital）」、「關係資本（Relational Capital）」與「認知資本（Cognitive Capital）」。所謂的**結構資本**，指的是個體與組織成員互動的聯繫頻次，投入時間以及互動網絡的大小密度。而**關係資本**指的是個體在社會群體網絡中因長期的互動所產生的信任互助、規範與義務，以及識別與認同等因素。而**認知資本**是組織中的個體之間建立共同語言與共同願景的價值觀。

6. **社會資本形式**：內聚式（bonding）社會資本：一般指強烈的結合（strong bonds）與社會凝聚（social glue）的特質。跨接式（bridging）社會資本：一種異質性，微弱、鬆散但卻是跨接橫斷面的連結。連結式（linking）社會資本：強調串連不同權力層次或組織社會地位的連結，這是一種垂直的連結，透過跨越這種疆界進而獲取資源。

7. **六度分隔理論或小世界理論（Six degrees of separation or Small world theory）**，認為任何互不相識的兩人，只需要很少的中間人（少於六個人）就能夠建立起聯繫。

14 / 談群體影響：多數就是好的嗎？

有智慧的人是清楚地糊塗著。不在乎群體中的比較，你將獲得更高的幸福感。

　　小玉是一間數位行銷公司的專案經理，因為能力好反應快，一直很受老闆器重，隨之而來的是公司重要的專案就會安排給她管理。起初小玉覺得能管理到公司最大的專案，又參與重要會議的討論，實在非常有成就感與存在價值。但不知道從哪時候開始，小玉工作時心情開始變得不太好，有天加班到晚上公司只剩下自己跟另一位工程師 Mike，Mike 正在修改公司另一個不是小玉負責的專案功能，Mike 於是悠悠的說：

　　「小雅（小玉的同事，也是專案經理）當初沒把客戶的需求談清楚，所以現在我要加班補一個新功能給客戶。」

　　大家都知道小雅這種情形已經不是第一次發生了，但

小雅能力與態度問題造成的連鎖負面效應，導致主管也不放心給小雅更多專案，心想只要小雅把手上的專案順利結案就好。但這問題也間接導致小玉的工作量越來越多，漸漸的小玉開始對這份工作感到越來越沉重⋯⋯

小玉心中很疑惑，不適任的同仁公司不是應該要有所處理嗎？為什麼因為小雅的不適任造成同事要緊急救火的事件頻頻發生，連帶也不用扛那麼多專案。這樣是不是自己也不需要自我要求這麼高，工作成效過的去就好，生活也可以輕鬆一點⋯⋯？

人是群體動物，當一群人一起工作時，有時候會產生 1+1 大於 2 的情形，有時候也會產生 1+1 小於 2 的狀況，這就是所謂的**群體效應（Population Effect）**。一些人組成一個群體後，因群體中人與人的互動行為產生，會使這個群體中的人產生一系列有別於過去經驗的心理與行為上的變化。在上面的例子中，小玉原本工作態度是認真積極的，但當她發現其他同事並非如此時，開始思索自己是不是一樣要處在這麼高工作強度的狀態，是不是速度放慢一點也不錯？顯然小玉已經被群體影響了，這種效應稱為**社會惰化現象（Social Loafing）**，這種因為工作分配不公平，或者團隊中成員能力

　認知紅利｜一個人、一群人、一個組織｜

落差過大導致無法協作或認知偏差而產生的負向循環，是管理者最不願看到的狀況。

你知道嗎，越不愛比較的人幸福感越高！

其實人是很愛比較的動物，比收入誰較高，比誰工作較有成就，比小孩讀書，比房子大小⋯⋯比不完啊！美國社會心理學家利昂・費斯廷格（Leon Festinger）在 1954 年提出「社會比較理論」（**Social Comparison Theory**），認為人在客觀資訊不夠多的時候，會進行社會比較──也就是透過瞭解別人的狀況與意見來評估自己目前的狀態。簡單來說，就是當覺得自己的收入不夠高的時候，就會想知道「別人」的收入，進而評估自己收入高低與否。但狀況來了，這個被你比較的「別人」，他（她）的收入很可能超過高標，也很可能是低於低標，到底你會選擇哪種人成為被你比較的對象呢？

「向下比較」讓人有成就感提升自尊心，但會缺乏成長動力。「向上比較」容易讓人感到灰心氣餒，但也可以增強進步動機。這種向上與向下的社會比較可以進一步區分為：**能力性**（**ability-based**）與**意見性**（**opinion-based**）兩種社

會比較行為。**能力性比較**就是把外界對象與自己當成競爭關係，例如研究所同學畢業後，會比較彼此找到第一份工作的月收入。**意見性比較**參考外界對象的意見與決策，再回頭看看自己的狀態有沒有符合社會期待，例如當親友長輩都覺得到大公司工作比較穩定有保障的時候，自己就會傾向於要找大公司的工作機會，這類的比較行為，就是把外界的觀點視為自己的參考標的。

你聽過「大魚小池」嗎？

我們嘗試跳脫個人比較思維，從社會觀點來思考群體影響的效應時，可以從有些教育心理學會談的「大魚小池」效應（Big-Fish-Little-Pond Effect－BFLPE）來思考。「大魚」是指資質很好的學生，「小池」是指成績普通的學校，「大魚小池」的意思就是把資質好的學生放在成績普通的學校就讀，可以想像在這樣的狀態下，這些資質好的學生很容易脫穎而出（先決假設是不被其他不讀書的同學影響），受到同學老師的關注，在學校各方面的發展機會就更多，他們的「學術自我概念（Academic Self-Concept）」因而提升，研究也顯示這部分可以影響到該類學生未來的升學與成就。這是一

認知紅利｜一個人、一群人、一個組織｜

種類「向下比較」的策略，人不可能樣樣都好，只要將突出的領域更加發揮，如此便能強化自我概念增強信心，信心一旦建立起來，就會有正向循環。

企業經營管理有時也可運用**「大魚小池」觀點**，經營者要懂得善用公司獨特優勢，找到利基市場打造爆款，小兵也能立大功。而管理者要能授權與開放心態，在遇到類似上述故事中小玉的狀況時，管理者應充分賦能給小玉這樣有資質的工作者，方有機會將公司整體狀態帶入正向循環。

前面稍微提到，人們的比較行為有時是將**外界**的看法設定為自己比較的參考值，這時候的「外界」其實就是所謂的**「參考群體（Reference Group）」**，簡單說就是個人在形成決策過程時，用來幫助自己做決策的參照對象，這對象有時是一個人有時是一群人，而且每個人所設定的參考群體會因為自己不同狀態（年齡、生活形態……等）有不同的參照對象。小時候讀書，班上都會選一位「模範生」，這位模範生通常就是全班公認品行優良各方面表現都突出的同學，這位模範生就是我們孩童時學習的「參考群體」。長大出社會後，多數的我們將參照對象改為出現在我們身旁的所謂「人生勝利組」，我們對「人生勝利組」這名詞，心中都有一個

概念性的操作型定義（例如：事業有成、家庭幸福等），未必每個人想的都一樣，但無論你心中對於「人生勝利組」的定義是什麼，其實都代表我們生活上也都有一個明確的參考群體。

　　人既然是群體動物，日常的比較在所難免，我們有必要提醒大家，適當的比較有益自我提升，但請別活在參考群體框架的生活裡，也就是適合別人的工作未必適合你，別人家小孩的教養學習方式未必適合於你的孩子。有研究指出：過多的比較會降低個人的幸福感。如果你真的很愛比較，不妨跟「昨天的自己」比較，看看今天是否有比昨天更充實更幸福呢？！

其實我們總在不知不覺中被群體影響了

　　群體之間互動往往是當下立即的回饋，人在群體中有時因為有旁人競爭或觀看，工作表現顯得比平常更好，這是**社會促進效果（social facilitation）**，有時候我們說這種人是屬於天生表演者。但也有些人因為身旁有人反而會緊張害怕，真正表現的時候沒有自己獨自練習時候的好，這稱為**社會抑制效果（social inhibition）**。不管是社會促進或社會抑制，

這些作用出現時都不是自己能控制的，通常都是作用發生後經過一小段時間，個體才會有所察覺。但即使察覺到，自己想要控制這種作用的產生是困難的，通常出現社會抑制效果的人，都要透過不斷反覆的練習，讓自己盡量降低這種作用的產生。

群體影響不僅僅出現在上述個人行為表現的成果上，更常被用來討論的，反而是個人在參與群體時，認知或行為受到群體影響後一系列的改變，包含：群體迷思（group think）與群體極化（group polarization）。

群體迷思

群體迷思（group think）：當團體在做決策時，參與這個團體的個人為了維持團體和諧與共識，會選擇隱藏自己心中不同的觀點，以求整體氣氛融洽。許多經理人大概都有類似的經驗，與老闆開會，大家都在揣摩上意，即使自己有不同的看法，也不敢提出。結果會議上的意見，充滿符合上意的聲音，表面上好像達到共識，但是真正好的（不同）意見，卻沒有人敢提出。這種現象特別容易發生在感情好且有共識的團體（如政黨），大家不願意破壞和諧，不願提出不同意

見遭到別人的排擠，而做出一種從眾決策的情況。

　　從眾效應（bandwagon effect），簡單說就是個人受到群體的影響，進而改變自己原本的看法與行為，最後決定做出與大家一致的決策。群體中若每人都不想做那位「有不一樣聲音」的人，整體決策結果就會將少數幾位發表意見者的觀點視為最終決定，如此一來真正專業或創新的意見完全聽不到了！這種現象如果遇到笨蛋領導人時最糟糕，一個差的組織領導人（甚至是國家領導人），即使有很好的幕僚，也會毀了一個組織。

　　因此，經理人需要隨時注意自己的團隊運作是否會出現群體迷思的狀況，有時候適當的團建活動（team building）與公司外會議（off-site meeting）可以讓大家在輕鬆氛圍下說出自己內在真正的聲音。或者是領導者不要太早說出自己的偏好想法、找外在專家來提供意見、多採用群體決策技巧等等，但是群體迷思的現象，仍然普遍存在向心力強的組織之中。

群體極化

　　群體極化（group polarization）：當團體在做決策時，參與這個團體的個人因爲受到團體其他人影響，往往會比自己獨自一人做決定時表現的更爲保守或冒險，最終將更傾向於兩側之極端現象，導致最終的決策結果並非是最佳決策。這個現象主要肇因於「物以類聚」的人們彼此分享看法，彼此得到認同，就以爲全世界的人都跟我們有一致的看法，致使行爲更極端與過度自信。即便少數人有不同的看法，也會在說服的過程中（persuasive arguments），強化組織的想法，從小我們又被教育要少數服從多數，結果更是一條心的群體極化。此外，因爲有人分擔責任（diffusion of responsibility），反正大家的責任，就是沒有人的責任，也就是人在團體中基本上不會認爲自己需要爲群體的行爲負責，更因爲是一群人做的決定，自己的身分不會被特別認出來（去個人化，deindividuation），就更容易忽略一般的世俗規範做出冒險危險的行爲，所以一群人很容易做出比較危險的決策。

　　經理人可別忽視這種極化現象，根據英國社會心理學家泰菲爾（Henri Tajfel）提出的「社會認同理論」（Social

Identity），人們會將自己歸屬到特定的社群，透過集體意識與忠誠價值意義來定位自己，滿足心理需求。為了維持這種歸屬感與地位，人們也會因此較信任與偏袒內團體成員，又稱之為內團體偏私（Intergroup Bias），簡單說就是人類本能會將世界歸類為「我們」與「他們」。

當網路傳播媒體越盛行時，群體極化的現象更為普遍，它讓相同喜好與習性的人更容易聚在一起，這種極化的結果，很容易落入筆戰口水戰，而事實的真相反而被忽視了。如今即時通訊軟體的普及使用更讓極化現象隨時都在發生，舉個例子：

小學六年級的阿傑，全班同學使用 LINE 作為班級即時溝通工具，有一天在班上平時就不太受歡迎的阿傑講了一句比較不中聽的話，全班同學放學回家後開始在 LINE 班群上進行批鬥大會，這種集體言語攻擊阿傑的行為，讓阿傑心裡非常受傷害怕。

這是一個值得省思的問題，當通訊工具的易用性與普及性已經擴散到社交心智尚未成熟的小學生時，極化產生的集體霸凌行為雖是無心，但將讓受害者遭受強大的心理傷害。

群體影響不見得不好

但群體極化真只有缺點嗎？其實網路中所成立的社群大部分都是一種自發性的物以類聚，我們稱之為自組織（self-organized local relationships，如細胞、生態系統），因為只有自組織才能讓社群一直活著，而自組織之所以能一直維持，就是因為這群將自己歸屬到這個社群的所有人，有著共同的喜好與信念，所以當自發性的參與了滑雪社團，當你越參加社團活動，你對滑雪的認識與愛好就會越來越高。

其實上述的群體迷思與群體極化產生的影響可以視為社會偏誤的現象，回頭想想，政治選舉時各政黨候選團隊不是就特別容易操弄這樣的「社會偏誤」嗎？在台灣有所謂的藍綠兩派，政黨重點要操弄的主要對象就是那些中間，淺藍與淺綠的選民。中間選民沒有一定要選藍或選綠，透過群體迷思從眾效應，讓中間選民最終選擇一個與身旁多數人一樣的決定。而淺藍與淺綠的選民，透過群體極化效應，讓這些選民的顏色由淺轉深，甚至進而願意主動為政黨候選人拉票。

現在，我們該仔細想想這個問題：群體影響中的群體迷思與極化的現象真的不好嗎？選舉的過程本就是讓個人表達

自己的想法，而政黨透過群體造勢媒體溝通讓選民從中做出選擇，這種操弄群眾意識就是一種單純的手段，最終的投票決定還是在選民自己身上，這是自由民主的表現。

企業經營時在決策的階段總是要多方考慮，但是一旦做出決策，執行力卻需要齊心努力與群眾熱情。身為經理人，你要清楚知道自己的目標在哪裡，許多時候會議的目的不在獲得更多意見，而是溝通與貫徹領導者的理念以取得執行同仁的認同基礎，這時候你就該善用群體迷思與極化，因為目標已經清楚設立完成，你需要的是更多與你有共同目標的同事一起前進作戰。

身為職場工作者，請清明你的本心明白自己的定位，無論你所屬的位階為何，都會遭遇到群體影響，隨時看清自己在這局勢中所扮演的角色是「影響者」，還是「被影響者」，也就是有時候該裝糊塗的時候，你就得清楚的裝著糊塗，如此，你一定可以快樂工作！

■群體影響理論

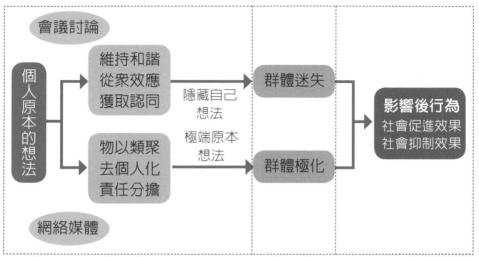

群體影響過程——影響認知   群體影響結果——影響行為

[重點思考]

1. 舉一個你自己的工作經驗，在什麼樣的狀態下你隱藏了自己的想法，產生從眾的行為？

2. 從群體極化的觀點出發，嘗試用兩個案例分別說明群體極化帶來的優點與缺點。

3. 社會惰化現象其實常發生在我們工作環境中，你是否曾面臨這種情況？你又是如何經歷這個過程。

[重點回顧]

1. **群體效應（Population Effect）**：一些人組成一個群體後，因群體中人與人的互動行為產生後，會使這個群體中的人產生一系列有別於過去經驗的心理與行為上的變化。

2. **社會惰化現象（Social Loafing）**：因工作分配不均或團隊中成員能力落差過大，導致無法協作或認知偏差而產生的負向循環。

3. **參考群體（Reference Group）**：個人在形成決策過程時，用來幫助自己做決策的參照對象。

4. **社會促進效果（social facilitation）**：群體之間互動往往是當下立即的回饋，人在群體中有時因為有旁人競爭或觀看，工作表現顯得比平常更好。

5. **社會抑制效果（social inhibition）**：因身旁有人反而會緊張害怕，真正表現的時候沒有自己獨自練習時候的好。

6. **群體迷思（group think）**：當團體在做決策時，參與這個團體的個人為了維持團體和諧與共識，會選擇隱藏自己心中不同的觀點，以求整體氣氛融洽。

7. **群體極化（group polarization）**：當團體在做決策時，參與這個團體的個人因為受到團體其他人影響，往往會比自己獨自一人做決定時表現的更為保守或冒險，最終將更傾向於兩側之極端限向，導致最終的決策結果並非是最佳決策。

15 / 談群體合作：有看到合作紅利嗎？

團體中產生交互力是群體動力，群體動力的發展能產生群體合作。但如果合作沒有紅利，你還會合作嗎？

　　小宇在公司擔任業務推廣的職務，因為自認能力好反應快，無形中也會覺得公司同事的反應與處事方式不夠好，對小宇自己的案子沒有影響時，小宇就只是從旁露出無奈表情，一旦影響小宇負責的專案時，就很容易氣到跳腳抱怨。當然這些事情看在老闆 Sam 眼中也知道這樣不是一個好現象，某一天 Sam 跟小宇提議週五下午的 TGIF（thank God it's Friday，週五下午茶時間）來開一個工作分享會，讓小宇把自己視為業務主管，把自己平時提案企劃與業務推廣的心得用輕鬆的方式分享給公司的同事們（主要對象是業務部門），如此一來小宇可以開始學習擔任主管領導同事的技巧，同時也可提升其他業務的專業職能。

　　認知紅利｜一個人、一群人、一個組織｜

這件事聽起來似乎挺合理的，無論是從公司老闆 Sam、小宇，或其他同事似乎是一個多贏的作法。但小宇自己越想越不是滋味，覺得 Sam 只是灌給自己一個業務主管的頭銜就要他花時間準備工作心得內容分享給同事，既沒升官也沒有獎勵，本質上對自己一點好處都沒有，於是小宇決定在週五之前先與 Sam 討論目前這樣的狀態……

上述這則案例，是老闆 Sam 要求小宇透過分享自己的工作心法一起幫助其他同事成長，這些類似狀況在職場上非常常見，說穿了就是要「群體合作」。但對小宇來說，如果這樣的合作對自己一點獲得都沒有，那為什麼要做？若真的被老闆逼著要做，也是不甘願的敷衍了事。透過 TGIF 開一個臨時工作分享會將產生一個特殊的**「群體動力」**，而這群體動力產生後對整個組織帶來正向的利他增益，或負向的奪利虧損，就看群體中的成員彼此之間是如何互動。所以無論是小宇或是 Sam，都應該要知道**「合作紅利」**這個觀點，這兒我們稍後細說。

我們先談談**「群體動力（Group Dynamics）」**，這個名詞是美國心理學家庫爾特・勒溫（Kurt Lewin）在 1939 年時第一次提出來的概念，說明團體中會有各種潛在的動力交

互作用，包含團體對成員的影響，以及團體內成員彼此互相依存，團體氣氛與領導風格等，團體是一個動力整體，但不等於成員個體之間的總和，任何一個個體的改變都會影響整個團體，導致團體的本質最終會發生改變。團體中所有成員之間的相互作用過程會對團體個別成員以及整個團體產生的影響作用力量，就是**群體動力**。

群體發展階段模型

群體動力的產生來自於群體之間的互動依存，而群體的發展是有生命周期的。像是美國心理學家 Bruce Tuckman（1965）提出有名的 Tuckman's Stage Model 來解釋群體發展，原本有四個階段（Forming-Storming-Norming-Performing），後來被擴充到五個（加上 Adjourning），簡稱為「**群體發展階段模型**」，經理人可以依照這五個階段來瞭解群體動力。

1. 創建階段（Forming）：人們為什麼要加入群體

人們加入某群體除了緣分之外，有可能是上級的指派來完成特定任務；或是由興趣、友誼、相似背景等非正式因素

所形成。目前在臉書上，只是因爲有共同的朋友，也會被分在一個群體之中。有些人是主動的加入群體，也有人是被動的歸到某一群體。在群體的形成階段，這是由零散的個體組合而成，因爲大家彼此都不熟，成員會很禮貌的相互認識，交換個人資訊，尋求其他成員認同並且避免衝突。此時主管應該「破冰」（unfreezing），讓成員互動活絡起來。

2. 激盪階段（Storming）：群體成員的溝通模式

當群體成員彼此熟識之後，就會有不同的意見產生。此時可能有衝突發生，也可能有人因爲怕被孤立或排擠而發生沉默螺旋現象（覺得自己的觀點是少數，便不願意表達自己的看法）而讓非主流意見消失。此時爲了達到共識，可以針對不同人事物，可以採取中央路徑（高思辨，以資訊邏輯說服）與邊緣路徑（低思辨，以主觀情感來說服）的說服方式。有時主管爲了讓團隊成員意見能充分表達，會安排許多群體溝通工作坊或活動，讓成員在輕鬆氛圍下說明自己的看法。

3. 規範階段（Norming）：建立群體成員的共識與互信

過去探討互信的理論也很多，像是人都是自私的，功利主義以及社會交換理論的觀點主張每個人的行爲都在與未

來期待的結果（outcome expectation）作交換，像是我對你好是因爲我相信團隊會因此更好，或未來你也會對我好。當然在共識的下面也會有許多利益小團體爲尋求自身利益最大化而彼此較勁，形成了群體間的動力（Inter-subgroup dynamics）。如同本章開頭案例中的「小宇」，當老闆希望他分享自己的工作心法時，他自然會算計做這件事對自身的成本付出或利潤報酬。因此這個階段建議必須要有團隊領導人親自參與，方可在參與過程中適時給予群體價值的建立，例如：希望建立部門團隊有合作互惠精神。

4. 執行階段（Performing）：合作完成目標

因爲互相瞭解，也建立了共識，所以群體成員開始按照能力分工與角色扮演，透過合作完成目標。許多課堂上的小組因爲臨時成立，快速進入合作階段，彼此的認識與互信尚未建立，導致多半以分工的方式來完成目標。其實許多Temporary group（臨時小組）有類似的狀況，因爲完成任務有時間限制，通常第一次會議就會把目標訂好並完成初步的分工，大約到了期中才發現截止日期接近，便會趕緊調整目標與分工的方式。當企業團隊運作進入這個階段，建議主管要能授權給任務團隊中的主導人，讓團隊自己決定與執行必

要的工作項目。案例中的「小宇」若在工作分享會中要求參與的同事們事先準備哪些資料或功課，主管都應大力支持並要求成員要完全配合。

5. 休整階段（Adjourning）：曲終人散

當群體任務完成，團隊面臨解散。但是群體中除了任務，還有情感。群體解散後會有緬懷過去的情感，或是失去目標的失落感，也有可能因為有共同的記憶而延續了另一種群體的連結方式。像是案例中的「小宇」在他自己負責的這次工作分享會結束後，這回團隊的任務就完成了，當團隊整體成員覺得分享會效果很好想繼續執行時，便有了新的一次循環的概念，此時群體將再次調整，包含目標、任務與成員等。例如在本章開頭的案例中，這回第一次的工作分享會是業務部的小宇分享，下次的分享者可能是行銷部的主管。

■群體動力理論（Group Dynamics）

一、創建階段 (Forming)： 人們為什麼要加入群體

二、激盪階段 (Storming)： 群體成員的溝通模式

三、規範階段 (Norming)： 建立群體成員的共識與互信

四、執行階段 (Performing)： 合作完成目標

五、休整階段 (Adjourning)： 曲終人散

· 你看到的群體發展並非真按照這五個步驟建立，並不是書本上寫錯了，而是現實世界就是不斷在改變與演化，因為團隊組成因群體動力不斷產生質變，個體或群體都應保持動態觀點看待團隊合作。

看完了上述這五個步驟你就照單全收嗎？當你有越來越多社會歷練時，你會發現真實世界總是會有很多狀況跟書本上寫的不太一樣，也就是說你看到的群體發展並非真按照這五個步驟建立，其實並不是書上寫錯了，而是現實世界就是不斷在改變與演化，因為團隊組成因群體動力不斷產生質變，個體或群體都應保持動態觀點看待團隊合作，隨時掌握

最新趨勢並調整自己的行動方爲良策。

群體為什麼會合作？

　　經濟學之父亞當・斯密（Adam Smith）於 1776 年的「國富論」中提出「分工論」，這是勞動分工的觀念第一次被提出，闡述專業工作如果透過精細的分工讓每個勞動者各司其職，其整體工作產量將遠遠大於由每位勞動者獨自完成整個產品的總和，意思就是勞動者各有不同的專長，應該讓勞動者專注在自己擅長的項目，一方面可免除工作注意力轉移所帶來的時間損失，二方面因爲自己的專注投入技巧熟練後可提高工作效率。人們之所以願意接受這樣的合作分工模式，在於每個人其實都是在追求自己的個人利益，因爲人們知道透過合作可以提升整體效益，均分下來之後的所得會比自己獨自一人做完全部工作的所得多很多。簡單來說就是「合作可以得到紅利，我就願意合作」，當個人的利己主義是被他人的利己主義牽絆限制的狀態下，就會產生因爲私利而願意利他共好。透過個體之間不斷的分工合作，互惠之後的總結能帶來更大的價值，這就是所謂的「合作紅利」，合作紅利還有一個現象就是合作越多，紅利越多。

　　「雁行理論」（the Flying-geese Model）常被用來討

論團隊合作與激勵同伴的重要，Robert 更在 1972 年提出該理論的內涵：當野雁以 V 字型或人字型隊伍飛行時，每隻雁鳥鼓動翅膀產生的上升氣流會讓後面的雁鳥飛得更輕鬆，因此，當牠們以團體隊形飛行時會比單隻雁鳥獨自飛行時更省力，且飛行距離能多出許多。所以群體合作最常以雁行理論做爲代表說明。這樣的群體合作最容易從許多大自然動物群體的行爲中發現，例如：螞蟻或蜜蜂族群都是如此。這是生物演化後的自然選擇，生物個體知道採用利他策略會讓自己存活的機率更高一些，即使在利他的過程中會稍微有些犧牲，但些微的犧牲最終會因爲利他合作的收穫被稀釋與平衡掉。

所以**當個人利益與群體利益相衝突的時候該怎麼辦？**若從上述的群體合作觀點來看，是不會有這種衝突發生的，人們之所以認知到衝突，只是因爲從「利益產生與獲得的時間點」來評估，多數人如果都比較短視近利，容易算計眼前的損失與得利。但我們希望大家都是有遠見的人，若把時間軸拉長就會發現，群體合作的底層邏輯也是來自於利己主義而演化的互相幫助，所以根本無須多想這種個人利益與群體利益衝突的矛盾了。

認知紅利｜一個人、一群人、一個組織｜

現在我們來說說本章開頭的案例，小宇是被主管指派工作的執行者，內心糾結很不是滋味是因為突然從天上掉下來一個額外的任務，卻沒有看到合作紅利，如果小宇知道透過這次分享，可提升業務部其他同事的專業職能，進而不會影響到自己負責的案子；又或者透過分享，小宇在公司會樹立起業務專業的形象，未來也會有較高的話語權；又或小宇這次的分享後，待下回自己遭遇別的問題時，其他這次受惠的同事會因為感恩心而願意伸手幫助小宇。上述這些因為合作而產生的有形或無形的好處（紅利），應都是可以讓他甘願執行這項額外任務的因素。對管理者 Sam 來說，當突然指派一項臨時任務給團隊成員小宇時，如果只對他說同事之間要共好彼此多交流這種仁愛之心的言語，這只會更加深小宇被剝削的情緒。反之如果 Sam 跟小宇分析這麼做對他本人帶來的好處是什麼（例如：有機會升主管職，有機會成為意見領袖……等），要從小宇的個人利益出發，分析與 Sam 配合進行 TGIF 工作分享會的合作紅利有哪些，如此一來群體之間互動本意雖是出於利己觀點，但因深曉合作轉化的紅利價值，便可將團隊帶入一種利他和諧的正向循環。

促進群體合作的機制

經理人管理團隊維運時，必須考慮成本效益與企業整體未來發展，當群體成員無法立即對於合作紅利或組織目標有共識時，就必須透過適當的機制促進合作行為的產生：

1. 專職化重複：將工作內容盡可能細分為高度重複可切分的模組單元，群體間成員必須透過合作才能完成整體的產品，而群體內成員則是專職化致力於自己的專業工作模組單元。例如：負責 IC 設計的企業就只做 IC 設計的部分，IC 製造與封測就由其他企業負責。

2. 規範信譽：透過群體成員之間共同認可及願意遵守的行為標準來達成合作的目的，不願合作者將被貼上負面標籤且喪失信譽。例如：執行專案時，承諾在期限內將交付自己負責的工作內容就需準時交付，方可促成團隊專案順利完成，延遲交付除影響整體進度之外將導致自身信譽受損。

3. 議合規定：透過諮詢會議、電話溝通、小組會議或業務會議等各種方式，與群組成員達成共識知曉彼此合作要善盡的職責，並輔以簽訂合約或備忘錄規定之。例如：當全球都在強調永續發展時，致力於永續發展的企業透過永續供應

鏈管理提出「供應商行為準則」，要求其供應商加入，作為供應商未來永續發展之依循根本。

群體合作一定會帶來共同利益？

上面的內容，我們似乎都在描述群體合作帶來的好處。現在我們更想問一個問題，**群體合作一定會帶來共同利益嗎？**不妨想想我們曾經看過的事件，例如：企業的聯合壟斷哄抬物價，讓消費者身受其害。或甚至人類對地球過度開發看似工商業經濟繁榮的現象，實則因為對大自然開墾過度導致環境生態失衡全球暖化，全人類當下正在面臨暖化帶來的種種災害。所以到底有沒有共同利益，這全依賴於獲得利益的群體範圍，沒有標準答案。

或者我們可以這樣思考，**當原本的群體合作模式經過長時間運營已達飽和狀態時，合作紅利的作用便進入瓶頸期了，新加入的個體無法從中獲得紅利，促使少數成員開發創新的模式，進而衍生新的合作紅利機制，這可視為一種「維度轉向」策略。**例如：傳統物流業者有龐大的倉儲中心與車隊管理系統，新加入的成員吃不到這塊的合作紅利時，便產生了按件計費的輕量級快遞物流服務。這種策略抽掉了傳統

物流優勢強大的硬體設施（硬體維度，**降維打擊**），以便利易用的軟體給終端消費者使用，作為主進攻向度（快服務維度，**升維攻擊**），於此群體合作產生質變，可能是計程車隊與零售商店共同加入，新的合作紅利產生了，也就是將有新的群體成員加入這個躍升後的商業生態體系。

最後講個小故事，有學生問老師：上帝是公平的，那為什麼會有天堂與地獄的差別？老師回答：上帝是真的公平，因為無論在天堂或地獄都給了一樣的美味大鍋麵，也給每人一雙「一公尺長的筷子」吃麵。只是住在地獄的人，因為自己筷子太長又搶著吃麵，搶來搶去麵條亂飛誰也吃不到，漸漸的彼此互相憎恨猜忌。住在天堂的人，用自己的筷子夾起麵條後直接送給坐在自己正對面的人吃，大家不疾不徐依序輪流餵食別人，最後每個人都吃得心滿意足。所以你現在知道天堂與地獄的差別了吧！

其實，**看似簡單的利他行為，到最後都還是造福到自己。**無論你是經理人或職場小白，我們都希望你能看懂群體合作背後的底層邏輯。聰明的你，選利他還是利己呢？

[重點思考]

1. 說說看，你是否曾經歷過主管或上司希望你配合團隊合作策略，但自己卻仍心有不甘，分享一下這個情形。

2. 如果你的企業是被要求參與永續供應鏈聯盟的企業，嘗試從合作紅利的角度分析，為什麼企業需要立即參與？

3. Airbnb 公司創立至今，改變了飯店住宿與旅遊業的生態，請從「維度轉向策略」的降維打擊與升維攻擊的作法，分析 Airbnb 加入對相關產業帶來的群體動力影響。

4. 從利己與利他的思維，舉一個自己曾經歷過的專案，說明當時專案經理或主管的立場主張是利己主義還是利他主義，原因為何？

5. 從合作紅利的角度，你會怎麼說服一位只做台灣內需市場的食品原物料中小型企業供應商老闆，應該要投入 ESG 領域？

[重點回顧]

1. **群體動力（Group Dynamics）**：團體中所有的成員之間的相互作用的過程，會對團體個別成員以及整個

團體產生的影響作用力量。

2. **群體發展五階段**：創建階段（Forming）、激盪階段（Storming）、規範階段（Norming）、執行階段（Performing）、休整階段（Adjourning）。

3. **合作紅利**：透過個體之間不斷的分工合作，互惠之後的總結能帶來更大的價值，就是合作紅利。合作越多，紅利越多。

4. **雁行理論**：野雁以 V 字型或人字型隊伍飛行，因每隻雁鳥鼓動翅膀產生的上升氣流會讓後面的雁鳥飛得更輕鬆。

認知紅利｜一個人、一群人、一個組織｜

16 / 談社會選擇：民主不一定是多數

群體往往透過社會選擇方式做決策，然而這個決策結果，很可能不是多數人心中的最佳決策

Keven 公司最近要舉辦員工旅遊，公平起見找了旅行社規劃出三個方案讓公司員工投票表決。A 方案：日本東京迪士尼五日遊；B 方案：日本京阪神五日遊；C 方案：日本北海道溫泉五日遊。最後投標結果 C 方案的人數最多，尊重民主投票結果，全公司就安排在今年十月前往日本北海道五日員工旅遊！

旅遊回來後，身為老闆的 Keven 本以為大家會玩得很開心，沒想到陸續聽到不少員工抱怨行程規劃過於緊湊，景點停留時間過短，自費項目太多……等。Keven 這回悶了，心想公司花大筆費用好意讓員工一起出國旅遊，沒想到回來後竟然聽到這麼多的抱怨，早知如此，還不如在國內辦個兩天

旅遊就好……

　　Keven 越想越不對，這趟旅遊明明就是員工投票決定的
行程，投票之前大家也都看過三個行程方案的詳細內容，並
不是他自己一人獨裁決斷，為何還會這樣？

　　仔細了解後便看到這個狀況，原來投票結果：A方案 20
票，B方案 15 票，C方案 25 票。Keven 這才發現，原來員
工旅遊想到日本北海道的人數根本沒有超過一半！……

民主投票真能代表多數人的想法嗎？

　　從上面這個案例中，我們就可以發現，C方案：日本北海
道溫泉五日遊，並不是真正過半的多數，只是這三個方案中得
票數最多的方案，所以我們可以說C方案就是最佳方案嗎？那
可不一定！否則老闆 Keven 不會事後還聽到一堆抱怨聲。

　　一群人在一起所產生的問題很多，這裡主要聚焦在決
策。工作上我們常要開會，開會的決議講求民主，民主的基
礎在投票，也叫做群體決策。我們日常生活與企業經營有許
多群體決策，像是法案的通過或選舉都是。少數服從多數，
也成為許多民主程序中重要的素養，但是投票真的能反映群

體的喜好嗎？什麼是眞正的多數與少數？群體決策的結果眞的比較好嗎？

　　社會選擇理論（**Social Choice Theory**）是分析個人喜好與群體選擇之間的關係，主要用於分析各種群體決策是否有尊重個人偏好，也就是民意，以及能給予公正排序的評價方式，所以投票就是一種社會選擇的方式。然而依照諾貝爾經濟學獎 1972 年得主肯尼思阿羅（Kenneth Arrow）所提出的**不可能定理**（**Arrow's Impossibility Theorem**），告訴我們當選擇超過三項時，將不存在滿意的投票系統。

　　如同本章最開頭的案例說明就是如此，當選項大於兩個以上時，多數喜歡的選項也可能是多數不喜歡的選項。現在我們再用一個台灣人非常容易理解的案例說明，台灣每年都有許多選舉，讓我們假設，如果只有 A 與 B 兩個政黨各提供一位候選人（a 與 b），選舉的結果可能是 a>b，a 會當選。但是如果政黨 A 推出兩位候選人（a 與 a'），選舉的結果就有可能變成 b>a，b 會獲得最高的得票，但是 b 不會過半，因爲 a 與 a' 瓜分了過半的選票。民意喜歡（投票結果）的到底是 a 還是 b ？那要看 a' 是否參選而定。投票的結果反映了民意嗎？一人一票的結果通常反映的不只是民意，而有選項

的組合。

早在 18 世紀法國數學家孔多塞就提出「**投票悖論**」概念，也稱「**孔多塞悖論**」（**Condorcet's Paradox**），經常有人把他認為是投票理論的創始人之一。即使在設計各種看似公平的投票機制之下，孔多塞發現「排序」方式的投票，雖可以精準表達選民的偏好順序，但卻有一種特殊的情形將使決策造成無限循環，導致群體無法做出最終決策。看看下面的例子，甲乙丙三人要對 ABC 三個方案進行排序：

甲：A > B > C

乙：B > C > A

丙：C > A > B

甲乙都認為 B > C，基於多數決，社會群體選擇也應該選 B。乙丙都認為 C > A，基於多數決，社會群體選擇也應該選 C。甲丙都認為 A > B，基於多數決，社會群體選擇也應該選 A。這麼一來，確實找不出一個最佳方案了！這就是所謂的投票悖論，它反映著雖是民主機制但也藏著不協調無法解決的問題。這個概念是以「偏好排序」來做決策，演變至今的選舉投票，是讓選民在眾多選項中挑一個自己心中最

喜歡的，但這種做法無法發現多數選民心中最討厭的選項是哪一個，也就是失去偏好排序帶來的效益。

落選者不見得眞的比較差，當選者也不見得是多數人贊同的

再從本章開頭的員工旅遊案例，我們嘗試以一個極端的情況來說明，若三個員工旅遊方案，投給A方案的20人，他們心中方案喜好排序是：A > B > C。投給B方案的15人，他們心中方案喜好排序是：B > A > C。投給C方案的25人，他們心中方案喜好排序是：C > A > B。如果選擇員工旅遊方案的策略共識是「屏除多數人最不喜歡的行程」時，C方案便直接被踢除於名單之外了，因爲共有20+15=35人，認爲C方案是最差的選項。

要解決此問題，一人一票下就是要選票過半，才代表大多數人的意見。所以有人主張每次選舉如果沒有人過半，就要刪除最低票的選項，直到出現票數過半的選項，或是直接取最高票的兩項選擇，再投一次，就會有過半的選項出線（當然也可能平手）。不過再投一次票要花費較多的成本，所以一人一票的制度下，選出來的不一定是最好的決策，甚至還有棄保的策略出來。

於是有人主張一人多票制，也就是不只選擇你認為最好的，而是同意推薦我認為夠好的。像是網路上的票選與推薦，不過此時也可能發生灌票、單投、換票、結盟等政治策略操作下的結果，選出來的不是最好的，而是夠好或大家不排斥的結果。

投票以外的群體決策：共識與協商

有人說，一個和尚有水喝，兩個和尚挑水喝，三個和尚沒水喝。這就是一群人相處的困難。人既是個人，也是群體，於是一群人的策略決定，應該由這群人共同決定。於是有人主張群體決策（Group Decision Making）不應該只靠投票，還可以建立共識，免得意見分歧造成團體的傷害。群體決策主要是發揮集體智慧，由多人共同參與決策分析到制定決策的過程。例如有規模的企業會固定召開董事會與高階主管策略會議討論與決議公司的重大決定，目的都是希望透過集結群體智慧，共同解決企業面臨的各種複雜問題。但是群體決策還會有群體迷思（Group Think），而放棄獨立思考與挑戰他人意見的勇氣，而導致管理者可以操弄氣氛達到表面的共識，而讓反對意見消失。

群體決策還有一種模式就是協商，但是協商的結果多半在謀求小團體的利益最佳化，而不是真正的群體最佳化，有優點，也有缺點。人往往都是自私的，自身的利益往往比組織的利益還來得重要，透過會議協商，可能會有結盟、棄保，所以這個方式未必符合群體最大利益，但卻是決策群體認知的最佳策略。舉例：X公司與Y公司兩間都是美妝自營品牌公司，兩間公司雖然品牌與產品訴求均不同，但從整體美妝市場來看，這兩間公司分食著整個地區的美妝消費市場，故他們均視對方為競爭對手。然而機緣下X公司與Y公司兩公司的創辦人坐下來協商後有了結論：規模較大的X公司併購規模較小的Y公司，這模式幫兩間公司的經營者（小團體）找到了利益最佳化解法，但也因併購關係，公司要開始精簡重複的人力編制了（人資與總務行政等部門），對兩間公司員工群體角度而言，這決策並非是真正群體的最佳化。

　　群體決策的困難點在於面臨到兩項因素：個人與社會。到底是要個人利益最佳化（利己）還是社會利益最佳化（利他）。在真實的會議中因為每個人都代表著不同的身分與權威，所以說話的分量也不一樣。像是總經理的話就比經理的話有分量，在群體決策中大家都會選擇政治正確（靠邊站）

而挺總經理的意見，讓許多更好的意見埋沒。也有人提議應該建立一套群體決策系統，讓人們可以「匿名」地討論事務，讓焦點放在決策意見上，而不在說話人的身分上。過去的研究顯示，這種方式或許會得到比較客觀的討論，但是因為缺少社會線索造成組織猜忌，是匿名開會的後遺症，對組織不見得比較好。好像正如 Arrow 所提出的不可能定理一樣（Arrow's Impossibility Theorem），群體決策真的是項不可能的任務。

看懂社會選擇，你將不會被群體決策所綁架

如果你現在還是職場小白，恭喜你現在應該看懂了「社會選擇的結果」未必是公認最好的方案，你也應該知道「群體決策」有優點也有缺點。假設有天你的建議方案在眾多選項中被群體挑選上，請不要過度自滿，因為極有可能在公司裡有超過一半以上的人對你的方案仍舊不滿意。除此之外，萬一有天你是組織內棄保效應中被捨棄的那顆棋子，請不要自怨自艾，這現象可能是因為決定群體利益的這個群體他們有其他的利益考量。

如果你現在已經是有決策權的經理人，你應該要開始思

考不同的「社會選擇」方式將帶來不同的結果，如本章前面所述最多數決定或是按喜好排序決定會有不同的結果，決策過程中，你是真的需要有更多決策者共同解決問題，還是「社會選擇」僅是一種用來支持自己決定的手段工具。你甚至要仔細觀察你所在「群體」中的「個人」，包含個人的特質與能力等，因為群體是由多個個人所組成，人都會變，所以群體也會變，包含你自己也會變，在變動的環境與過程中，有智慧的經理人會善用群體智慧，而不會被群體決策所綁架！

讀完本章後，希望往後的我們都能平常心的看待台灣政治選舉投票的結果。

■投票悖論與社會選擇理論

甲：A > B > C
乙：B > C > A
丙：C > A > B

沒有最佳方案

a 候選人
b 候選人

a 候選人當選

a 候選人
a' 候選人
b 候選人

b 候選人當選

投票悖論：孔多塞發現「排序」方式的投票，雖可以精準表達選民的偏好順序，但卻有一種特殊的情形將使決策造成無限循環，導致群體無法做出最終決策。

社會選擇理論：政黨 A 推出兩位候選人 (a 與 a')，選舉的結果就有可能變成 b>a，b 會獲得最高的得票，但是 b 不會過半，因為 a 與 a' 瓜分了過半的選票。

[重點思考]

1. 你是否曾經對於某次的政治選舉投票結果感到極為失望？說一說當時的狀況。

2. 說一說你所在的企業／組織中，曾經有哪些決策是透過社會選擇方式（投票）而決定的？最後決定的方案跟你的預期是否一致？原因為何？

[重點回顧]

1. **社會選擇理論（Social Choice Theory）**：是分析個人喜好與群體選擇之間的關係，主要用於分析各種群體決策是否有尊重個人偏好，以及能給予公正排序的評價方式。

2. **孔多塞悖論（Condorcet's Paradox）**：也稱投票悖論，排序方式的投票，雖可以精準表達選民的偏好順序，但在某種特殊的情形下將使決策造成無限循環，導致群體無法做出最終決策。

3. **群體決策（Group Decision Making）**：是發揮集體智慧，由多人共同參與決策分析到制定決策的過程。

17／談敏捷精神：站在變動的肩上

人與企業都要有敏捷精神，因為亂世沒有尋常規律可依循。
亂世變動中產生的動態紅利，你看得到拿得到嗎？

「2020 年來又凶又猛的疫情真的把我們這行業打得措
手不及」，Keven 現在回想還歷歷在目，從事活動工程事業
超過 20 年，也經歷過 2003 年 SARS 疫情的洗禮，Keven 起
初認為這波疫情就跟當初 SARS 類似，快速撐過最難熬的那
幾個月就一切正常了，沒想到這次的 COVID-19 同行很多朋
友的公司都跟溫水煮青蛙似的，一家一家收了。當時在看著
COVID-19 沒有明確結束的狀況下，而 Keven 又是怎麼度過
這難熬的這兩三年？

活動工程這行業，有實體活動才有營收，這次疫情凶猛
的衝擊導致許多客戶立即取消舉辦實體活動，公司營收瞬間
減少 90%，面對公司每個月固定的管銷支出實在吃不消，裁

員雖可以立即解決眼前現金流的問題，但卻不是 Keven 心中最佳解，幾個跟著 Keven 從創業至今的老員工，全家的經濟支柱靠這份工作收入，怎麼想裁員都不是好辦法。

Keven 決定跟公司同仁一起商討這件事：大家決定輪流請假，不管是育嬰假、年假、甚至無薪假。而上班的內勤同事要開始學習申請政府各項紓困補助，以及公司同步進行數位轉型的各項所需技能，包含影片拍攝、設計繪圖、活動行銷企劃……等，有上班的工程部同事，一起在倉庫組裝當時醫院所需的負壓隔離艙，只要是有能力有人手接的項目工作 Keven 自己帶頭一起做……就這樣，公司有驚無險渡過了這大浪侵襲變動的三年……

疫情趨緩企業活動舉行恢復正常，Keven 公司的員工因這三年的練功，從原本完全傳統的實體活動工程業務，逐步邁向更多元的領域發展……

動態能力理論

企業創業管理議題中會討論這個名詞：**動態能力理論**（**Dynamic Capability Theory**），主要是因為企業營運本應

專注於自己本身的核心能力與資源，但在面對快速變化的大環境衝擊下，企業必須有能力辨識整體狀況，掌握變動趨勢，整合內外部資源，進而重建轉化為自身的企業競爭力。大衛·蒂斯（Teece）學者在 2007 年提出動態能力是企業在環境變動狀態下於時間軌跡上能動態調整：**敏感感知（sensing）機會的辨識與評估、捕捉（seizing）資源的流動以善用機會與獲取價值、及持續更新與轉化資源（transforming）**。

從上面案例故事中，Keven 公司經歷 COVID-19 衝擊的結果，方可為企業動態能力的展現。黑天鵝 4 的到來導致外在環境瞬間轉變，企業要有變動環境適應的能力，然而在變動環境下要能繼續存活必須依靠企業內外部各項資源的整合，Keven 的作法先縮減公司每月的固定支出（員工輪流休假）以因應疫情衝擊造成活動業務來源中斷的影響，接著透過承接短期臨時性又是當時情形急需的工作（組裝負壓隔離艙），一方面作為增加營收，二方面讓活動工程部的員工有事情做，再者內勤人員透過申請政府各項紓困補助的同時，不得不快速學習過往未曾接觸過的各項計畫執行作業。

---

4. 指過去從未發生過，但影響非常劇烈的事件。

其實我們也發現，企業動態能力的體現在於企業能夠敏感觀察外在環境，且靈活整合資源以及彈性運用，這是企業經營者帶領公司從創辦之初就需必須注入的精神，意味著這是一種企業文化與精神，如果只有經營者有此動態精神，而員工部屬無法跟上老闆的節奏，一切就都徒勞無功。這種老牛拖車的現象，相信你我都曾經歷過，說到底還是必須關注於員工的認知與需求，企業是由一群人所組成的，而這群人是否有同樣的精神便關乎企業盛衰之道了。

在軟體開發領域中，這 20 多年來有種廣被討論的方法是：敏捷開發（Agile Development），這種開發方式強調的「敏捷」是一種思維模式（mindset），源於 2001 年有 17 位軟體開發領域的專業人士，在美國猶他州討論著軟體開發的未來，他們認為在當時的環境下軟體開發必須要有所改變，因而提出了敏捷軟體開發宣言（Manifesto for Agile Software Development），包括 4 大價值觀：**個人和互動優於過程和工具，可用的軟體優於詳盡的文件，與客戶合作優於合約談判，回應和實施變更優於遵循計劃**。這些觀念至今被許多個人、團隊和公司接受並使用。本章節的重點不是討論「軟體開發方法」，我們想從敏捷的四大價值觀進一步深入討論：**敏捷精神**。

敏捷可以是名詞，也可以是形容詞。用於名詞時代表的是一種能力與精神，或可說是一種思維與行為模式的產出。用於形容詞時，可以形容人或團隊**機敏、機靈、敏銳、（工作中）見機行事且反應快速**。言下之意，敏捷精神不僅用於團隊，更可用於個人。

回憶一下我們早期國高中時代的生活，每天的日子似乎都被大大小小的考試填滿，尤其是升學補習班更是考個沒完沒了，而你自己怎麼看待這些考試？為什麼老師每上完一課就要來一次小考，段考之前又有各種的複習考，越接近升學考試日期各種的模擬考考不完。這種方式不外乎就是希望透過反覆的複習與測驗，讓學生可以發現自己不懂之處，透過考試看見問題，找到答案，直到能夠純熟運用各科的知識內容。同時透過考試讓學生與家長知道學生即時的學習狀況以及成績排名落點，作為未來升學選擇評估之參考。

現在來看，這些考試，不就是一種「敏捷精神」的展現嗎？透過每天針對各科目每個單位不斷考試反覆練習，學生很快就能找到自己不熟悉的課程主題，再加強複習進而學習成績逐漸精進。

這是我們再熟悉不過的成長之路，我們都知道一個班級

裡，喜歡考試的同學並不多，但我們都「被迫」接受這樣的安排。敏捷精神中強調與客戶參與合作，要提供給客戶有用的軟體而非詳盡的文件。從我們求學經驗來看，你會發現，過程中能與老師充分合作的學生與家長，基本上都有不錯的成績表現，此處所謂的合作，當然就是必須在天天考試的狀態下能夠跟上這樣複習節奏的學生，以及能從旁協助學生配合老師的家長，此外老師提供給學生的教學內容是要學生聽得懂收得下的知識，而非完整詳盡的筆記重點。從這個例子就可以知道一項產品或服務要能成功，敏捷精神的展現必須落實於每個參與者身上，要能交出好的學習成績，除學校經營模式要敏捷，老師教學、學生學習、家長合作都必須要敏捷，這是群體共識與共事的成果。

我們再用個例子來想想，如果不敏捷會怎麼樣？

早期軟體開發的方式屬於「瀑布式」，這是一種直線性的專案管理方法，在開始時收集利益相關者和客戶的所有要求，而後規劃整體的使用介面與功能流程，在進入程式開發與測試，最後交付給客戶完整的軟體專案。敏捷宣言之所以被廣泛提出在於軟體開發人員認為「瀑布式」是一種到期才開獎一翻兩瞪眼的模式，也就是客戶要到最後階段才看得到

成果，而這成果往往已經不是或根本不是客戶要的。

如果軟體開發對你來說不容易理解，不妨試著想想自己買了一套新屋準備交給設計公司裝潢，我們都聽過身旁的朋友曾經抱怨自己花大錢請設計師裝潢施工後的新屋，跟自己心中的預期成果落差很大，但是又都已經裝潢完成，想改又要花一筆錢，畢竟房子是自己要住，最後只好勉強接受這不滿意的成果，但時不時想到就會懊惱抱怨一番。我們可能會想，當初設計師要開始施工之前，也會與客戶進行完整的需求溝通，設計師為了弭平與客戶之間認知差距，會製作 2D 甚至 3D 圖作為溝通工具，但即使溝通再仔細，都還是沒有客戶自己親身到工地現場觀察體驗來得更為實際。

因此，當自己有新屋在裝潢時，千萬不要認為付錢給設計公司最後就能產出心中的理想家園，不是要大家別相信設計師的品質，而是要提醒大家，人的需求是會隨時改變的，尤其當你看到實際施工的產出時，更會誘發你有不同的想法，敏捷是最好的處事精神，建議當你的房子正在裝潢時，有空就常常往新家工地去看看。這例子中，你是付費的客戶也是房屋最終使用者，這種狀態之下你通常會比較敏捷，因為你會在意自己付出去的錢所換回來的成果。

照上面描述，不敏捷會怎樣？其實天也不會塌下來，世界照常運轉，但就是「極大可能」事情最後的結果跟你的預期不同，甚至落差很大，然後銀子白花了！

因此，無論從個人或團體而言，我們都認為具有敏捷精神是極為重要的，而敏捷精神可以怎麼練習，我們認為它包含以下五個思維模式：

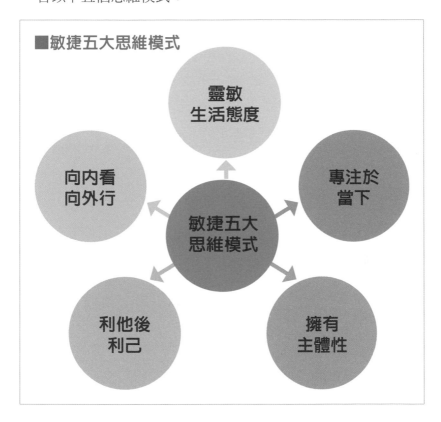

■敏捷五大思維模式

靈敏
生活態度

向內看
向外行

敏捷五大
思維模式

專注於
當下

利他後
利己

擁有
主體性

1. 靈敏生活態度：「敏捷」這個字詞的基本定義是機敏、機靈、敏銳，與（工作中）見機行事且反應快速。這是一種基本的處事態度與習性，對於日常生活與工作隨時保持機敏反應堪稱敏捷。個人能有此態度，才能機靈的察覺他人（客戶或使用者）的需求或反應。

2. 專注於當下：具有敏捷精神的人，是專注於眼前發生的事件，解決眼前的問題，做好眼前的工作。對於未來中長期的規劃可以思考，但無須耗費時間進行深入策劃，因為在 VUCA（volatility（易變性）、uncertainty（不確定性）、complexity（複雜性）、ambiguity（模糊性））時代，不斷變動已是常態，無須對長遠的未來盤算過多。

3. 擁有主體性：人都喜歡自己改變，但不喜歡被改變。個人的生活如果都是按照別人幫你訂的進度走，生活腳本由別人幫你寫，對自己的主體便無掌控能力。反觀若個人對於自己的主體性掌握程度越高，代表對自己的工作與生活整體節奏掌握度越高，對變動環境越能敏捷反應。

4. 利他後利己：人是群體動物，光是自己一人有敏捷精神是不夠的，必須要團隊也一起敏捷（be agile），當個體

可以影響帶動團隊更加敏捷的時候（利他），個體本身也定能具備充足的敏捷精神（利己），且將受惠於敏捷精神帶來的成效。例如：疫情階段，公司經理人想的是如何帶動團隊敏捷數位轉型，此過程經理人本身將能更加理解敏捷轉型策略。

5. 向內看向外行：從戲劇理論來看，一個人的日常總是扮演各種角色（例如：又是員工又是主管，又是學生又是家長），內省覺察自己是否在各種角色都一貫保有敏捷精神，只有時時「自發性」的敏捷才是真正的敏捷，這是內在自我增強呈現。例如：身為企業的中階主管，是否對下屬要求敏捷回應，而對上司卻處於被動聽命行事的狀態。或是心血來潮時才要求敏捷回應，平時卻是刻板式按照組織體制行事。

基於上述的敏捷五大思維模式，無論是個人或團體，我們可以理解敏捷精神是在變動時代下的動態能力，這也是為什麼企業會廣泛的談論敏捷精神，接下來我們從敏捷四大宣言看敏捷精神的底層邏輯：

1. 個人和互動優於過程和工具：在資訊行業中，系統開發會有提供需求的人，以及從事開發工作的人，為了清楚地

了解需要什麼、確切的需求是什麼，參與人員之間需要進行適當的溝通，因此應該重視人員互動以及實際需求，而不是過程中的流程作為和執行工具。而我們認為這樣的觀點套用於其他產業也是一致適用的，也就是管理者應該要在團隊中找到合適的人（個人）並幫助他們一起工作（互動），這比依照特定流程或使用特定工具都重要得多。這概念的底層邏輯便是：**找合適的人就可主動參與積極互動。**

2. 可用的軟體優於詳盡的文件： 傳統系統開發過程需要需求書、規格書、系統分析設計書、測試計畫……等許多各種的文件，敏捷價值觀認為不要將精力花在製作詳盡的文件，而是只要製作「必須交付的軟體與文件」。這觀點一樣適用於其他產業，意旨工作的主要重點是提供用戶所需的各項功能，而不是根據客戶的要求製作大量文件，往往這堆文件的用途僅在於驗收時使用。與其花時間製作這些未來鮮少用到的文件，倒不如盡力於提供用戶需要的產品功能或解決方案。這概念的底層邏輯便是：**做實事，不做表面功夫。**

3. 與客戶合作優於合約談判： 傳統的作法，一般在工作開始之前（程式開發或產品設計），客戶都會與團隊互動討論需求細節，待工作完成後進入測試階段時，客戶才又參與

其中給予回饋。敏捷價值觀認為客戶是重點合作的對象，在開發工作階段也需參與討論，所以經理人要讓團隊定期跟客戶報告，讓客戶瞭解各種需求的開發狀況。同樣的，這個觀念在其他產業一樣適用，與客戶不是合約談判關係，而是合作夥伴關係，進而培養彼此互信基礎有助於任務達成，與長期合作。此概念底層邏輯是：**與客戶互惠共好**。

4. 回應和實施變更優於遵循計劃：多數傳統方法中「變更」被認為是一種費用支出，因為發生變更的時間點是在完成項目交付後才給出的反饋。在敏捷價值觀中，變更是有助於產品服務價值的增強，因為每次需求變更可包含於下一次迭代中，透過多次迭代的重複回饋過程，讓最終產品或解決方案能充分接近所需到達的目標與結果。因此在這觀念下，此概念底層邏輯便是：**擁抱改變**。

■從敏捷四大宣言看敏捷精神的底層邏輯

個人和互動 優於過程和工具 （主動參與）	可用的軟體 優於詳盡的文件 （做實事）
與客戶合作 優於合約談判 （共好互惠）	回應和實施變更 優於遵循計劃 （擁抱改變）

敏捷精神創造組織韌性

　　這些年經過 COVID-19 的洗禮，產業因為需求暴增後又突然驟減（例如科技產業），或驟減後突然爆增（如觀光旅遊產業），韌性不夠的企業就跟橡皮筋被扯斷了一樣，瞬間縮編或甚至解散。什麼是「組織韌性（Organizational Resilience）」？參考 BSI（BSI Group，英國標準協會）在 2014 年底所發布的英國國家標準 BS 65000 的定義，**組織韌性是：「能夠預測、準備、應對、適應環境的持續變化，**

以及突發性的營運中斷，讓組織能繼續生存和繁榮發展的能力。」從這個定義可以知道，組織韌性正是企業面對外在環境持續變化與避免造成營運中斷的長期生存能力。這也是為什麼近年來「組織韌性」被談論許多的原因了。

從過去事件來看，多數企業管理者談論組織韌性是因為危機的發生，例如石油危機、金融海嘯，到近年的 COVID-19，這些危機有的稍有預警，有的來得措手不及，VUCA 時代其實危機本質脫離不了「變動」二字。前面提到，人都喜歡改變，但不喜歡被改變，然而，危機帶來的變動就是屬於後者，即是那種企業不願意接受但卻被逼著一定要面對的改變，所以企業必須要有敏捷精神，而敏捷精神可以創造組織韌性。

我們認為企業經理人透過「賦能授權」與「創造網絡型自組織」可以促成團隊敏捷精神的體現。

建構敏捷團隊策略一：充分賦能授權

賦能授權（Empowerment）：之前章節我們曾提到群體效應，其中有一種現象就是當團隊中大家的權力都相同時，群體責任並不是將團隊中每個人的責任都加總起來的算

數議題，而是一種企業內部群體交互影響融合而成的問題。而通常這種情形下會發生的狀況就是，既是群體的責任，其實也就不代表自己需要負責任，大家你看我我看你的結果便造成沒有人負責，這就是群體惰化。賦能授權的意思就是授權給員工更多權力，進而剔除工作上的障礙，讓員工工作更有效率。

試著想想看：如果團隊成員每天都在猜老闆想要的是什麼，等老闆指派命令才行動，這是多可怕的一件事！再想想若身為經理人的你，如果每天都要教導團隊下一步該怎麼做，老牛拖車的結果可能還沒到目的，牛已經先累死在半路了。

當外在環境從複雜變得錯綜複雜的時候，企業正面臨各種創新與未知的挑戰，而這些挑戰也是企業管理者或經理人過往不曾經歷過的問題。若團隊成員工作時仍然事事都必須聽命行事，或養成事事都聽命行事的習慣，可想而知這兩種情況都將迫使企業發展遭遇困境，因為無法即時穿越危機打破未知的僵局。管理者若能充分賦能授權，能讓主動性強的員工感受到自主權提高，以及擁有資源的可支配權，進而善用被賦予的權力敏捷發揮於團隊的運行，企業組織才有持續成長的快速動能。

建構敏捷團隊策略二：創造網絡型自組織

創造網絡型自組織（self-organizing teams）：賦能授權給團隊成員後，企業經理人還必須打造一個讓員工能充分運用這些權力的環境，這必須跳脫傳統的層級分明縱向切割管理的樹狀結構，進而打造一個全新的網狀組織結構：自組織團隊，這也是敏捷宣言 12 項原則其中一項所提到。

自組織從在社會科學上的定義是指一種過程，這種過程中，最初的無序系統中各部分之間局部相互作用，形成了某種形式的整體秩序，這種組織沒有外部的指令參與其中，系統之間按照默契形成的規則，各司其職且自動形成有秩序的結構。這除了在自然環境中存在之外，也普遍存在人類社會運行中。

也因外在環境不斷改變，經過這些年企業團隊管理的發展，從過往針對單一使命任務團隊所有成員朝向單一目標前進，到如今混沌環境錯綜複雜的問題促使團隊管理必須有自動演化、自我治理的能力，自組織團隊天生適應變化，創造新能力強，在簡單規則下自行發展，正是敏捷團隊最佳的團隊組織型態。

團隊權力矩陣

　　研究團隊管理的頂尖專家理查・海克曼（J. Richard Hackman）教授研究曾經發現：儘管團隊獲得再多的資源績效依舊不好，原因在於團隊的協調不佳與缺乏動力會抵銷團隊合作的好處。這告訴我們打造一個能讓團隊充分溝通協調的環境，以及讓團隊有自主發展的動力是團隊管理中極為重要的議題。海克曼教授也區分「管理者職責」與「團隊自己職責」，提出「團隊權力矩陣」闡述自組織團隊的四個層次：管理者領導團隊、自管理型團隊、自規劃型團隊、自治理型團隊。其實一個企業的團隊型態不會只有這四類其中一類，而這四類的定義也是透過研究給予的方法框架。身為聰明的經理人或職場工作者，請不要硬把自己的團隊塞入其中一類，認為這類團隊就該有如何的運作或管理型態。

見招拆招，無招勝有招

　　如同本章一再強調的敏捷精神，當你讀完這些理論概念之後，請試著忘記它吧！找出適合自己的敏捷精神。小米創辦人雷軍曾談過順勢而為的重要：站在風口上，豬都會飛。後來有人提出疑問，風過去了，豬怎麼辦？有跟著改變能力

的豬，會進化成飛豬而不會摔死。

現在我們想問，當天空中有一堆豬擠在一起飛的時候，又該怎麼辦？那試著就當隻會潛水的豬吧！

網絡型自組織能產生許多你意想不到的動態紅利，就如同上面這隻豬，經歷了大風過後，會飛也會潛水了！

■團隊權力矩陣——自組織團隊的生態系統發展

	管理者領導型團隊	自管理型團隊	自規劃型團隊	自治理型團隊
整體方向設定	管理者職責			
團隊及其組織環境的規劃				
工作過程與進度監控和管理		團隊自己的職責		
團隊任務執行				

[重點思考]

1. 動態能力談到感知機會，捕捉資源以及轉化資源。談談看你任職的企業中，在 COVID-19 疫情這段期間，組織如何運用動態能力成功經歷這段特別的日子。

2. 試著從你的工作產業或你曾聽過的產業案例中，舉個例子說明將敏捷精神帶入工作任務中所產生的優勢與發展。

3. COVID-19 疫情之後，你觀察到哪些企業的作為有明顯的轉變？說說這些轉變的原因以及你認為未來可能的趨勢。

[重點回顧]

1. **動態能力理論（Dynamic Capability Theory）**：企業在環境變動狀態下於時間軌跡上能動態調整：敏感感知（sensing）機會的辨識與評估、捕捉（seizing）資源的流動以善用機會與獲取價值、及持續更新與轉化資源（transforming）。

2. **敏捷四大宣言**：個人和互動優於過程和工具，可用的軟體優於詳盡的文件，與客戶合作優於合約談判，回應和實施變更優於遵循計劃。

認知紅利｜一個人、一群人、一個組織｜

3. **組織韌性（Organizational Resilience）**：能夠預測、準備、應對、適應環境的持續變化，以及突發性的營運中斷，讓組織能繼續生存和繁榮發展的能力。

4. **自組織（self-organizing teams）**：在社會科學上的定義是指一種過程，最初的無序系統中各部分之間局部相互作用，形成了某種形式的整體秩序，這種組織沒有外部的指令參與其中，系統之間按照默契形成的規則，各司其職且自動形成有秩序的結構。

18 / 談人性管理：幸福是根本之道

群體是由個人組成，企業是由群體組成，管理好企業應從看懂人性開始！人性管理應兼顧個人與企業的需求！

Paul 今年 50 歲，是一家從事 IC 通路小公司的老闆，這幾年生意越做越有起色，累歸累，但總歸公司是自己的，時間安排也有彈性又可兼顧家庭。

Paul 想起 12 年前在自己 38 歲生日那天，給自己做了一個大決定：離開原本自己待了十年的大公司出來創業！Paul 本身是有技術背景的業務，在老東家也做得很不錯，只是眼看著自己即將來到不惑之年（40 歲），大公司晉升之路越到管理高層機會就越難得，當看懂一個蘿蔔一個坑的道理之後，果然就真的不惑了！

Paul 現在回想，感謝當時 38 歲的自己有那樣的勇氣，做了一個外人都覺得冒險的決定：出來創立這間屬於自己的

公司。

當時跟自己同期的老同事們，有的還在老東家高升協理或副總，有的則面臨中年失業的危機，有的也跟 Paul 一樣轉職或自立門戶……

當時的 Paul 是 38 歲的工作者，有戰力又有經驗，在公司累積 10 年資歷，對公司來說，這樣的員工是最有價值的階段，然而人的需求有所不同，不同需求又有層次之分，對 Paul 而言，重視的不僅是眼前這份工作的薪酬，他更看重的是工作職涯發展所帶來的未來生活模式。

我們在本書最後這一章嘗試用「人性」這個名詞探討組織管理意涵。人的本性（Human nature），簡稱人**性，指人類物種的共同屬性，也就是自然屬性，社會屬性與精神屬性的綜合一體。**自然屬性：包含人的身體、生理等自然特徵，以及生長、發育、疾病、老化等自然過程，例如 30 歲的年輕人與 50 歲的中壯年。社會屬性：包含人的社會身分、社會責任行為等社會特徵，以及社會交往、社會適應等社會過程，例如企業高階主管與學校教師。精神屬性：包含人人的思想、情感、價值觀等精神特徵，以及學習、認知、思考、創新等精神過程，例如有人天生保守穩定，有人敢於冒險創新。

每個個體在不同階段都是由不同的自然屬性、社會屬性與精神屬性的綜合，可以理解人是如此複雜又獨特。在上面的故事中，其實公司裡不乏與 Paul 年齡資歷相似的同仁（自然屬性與社會屬性相似），但與 Paul 做出一樣決定的人實際是少數的，因為他們的精神屬性需求不同，有的人喜歡穩定生活，有的人渴求自我價值被認定，沒有哪一種比較好，但最終每個人做出不同的選擇。你一定看過公司裡有些同事整天抱怨公司這不好那不好，但他始終沒有選擇轉換跑道仍然留在公司繼續服務。也有某些人平常什麼抱怨都不說，但某一天突然就跟主管開口說要離職。

　　如果你是公司經營管理者，理應會盡辦法留住好人才，類似 Paul 這樣的員工一旦出去創業，對公司有形無形的損失肯定不在話下，例如原本的團隊可能跟著離職，也可能把原本的業務帶走，甚至公司其他同事仿效作為……等，公司的管理系統與制度是否有足夠的彈性與空間讓好人才願意留在公司繼續發展，這便是最美的管理藝術展現。至於如何才能留住好人才？有人說要給予內部創業的機會，有人說要有明確的管理規章，其實每間公司都有屬於自己的產業文化屬性，以及組成團隊成員特質的差異，留住好人才有不同的方

法。

　　美國心理學大師馬斯洛（Maslow）曾提出的「大陸分離」原則（continental divide）：不同性質的個人會分開；好的管理制度會吸引並留住好的人才；壞的管理制度會吸引不良的人才。這告訴我們，有智慧的管理者必須在自己的公司中發展適合自己公司的管理制度，而這套良好管理制度的發展沒有標準答案，但卻有中道思維，這個中道思維就是：**人的底層精神需求是需要被認同，人性管理就是認同員工的簡單法則。每個人的自然屬性、社會屬性、與精神屬性都不同，人性管理可以認知到員工當下最需要的屬性需求，並且適當提供給他（她）。**當然，管理者也要有識人之明，對於不適任的員工該處置時則須立即，避免產生惰化。

　　美國心理學家道格拉斯‧麥格雷戈（Douglas McGregor）於 1960 年出版的《企業的人性面》（The Human Side of Enterprise）一書，其中談到著名的「X 理論和 Y 理論」（Theory X and Theory Y）：「X 理論」認爲人有消極的工作原動力，假設員工生性懶惰，如果管理者沒有嚴格監督、透過具體獎勵和懲罰驅動他們，員工就不會認眞工作，所以這類的員工需要有嚴格的規章制度來管理；「Y 理論」認爲人們有積極

的工作原動力，主張人們天性好奇，會主動運用自我控制能力與創造力來解決問題，如果管理者給予適當環境，這類員工就會像經營興趣嗜好那樣投入工作，進而盡情發揮才能，渴望承擔更大責任。聊到這裡，你是不是已經開始將自己與身旁同事好友開始分類，誰是 X 理論類型人，誰是 Y 理論類型人！？

後來 1981 年日裔美國學者威廉‧大內（William Ouchi）參照 X 理論和 Y 理論，提出了 Z 理論（Theory Z）。他歸納比較美國與日本企業的管理文化，提出任何企業都應有通暢公平的管理制度，在這個組織社會結構下進行變革，使企業能有創新的競爭力，有能滿足員工自我利益的需求，以團體的凝聚力與向心力，讓員工得到對未來的安全感與歸屬感。

人在企業工作，除了賺取滿意的薪資酬勞之外，也希望尋求自我認定的價值肯定，這種渴望長期的內在心靈滿足就是尋求幸福感。而企業經營的基本目標是尋求獲利，在獲利的基礎上，企業主更希望企業能穩定永續發展，這也是企業幸福感的體現。個人在企業工作，管理者管理公司，創業家創辦企業，對個人群體與對組織而言，是利己與利他的融合展現，當利己與利他平衡擁有時，這份幸福質量能讓個人與

認知紅利｜一個人、一群人、一個組織｜

企業都正向循環。

企業社會本就是自私與無私的融合

我們再來看以下這則故事：

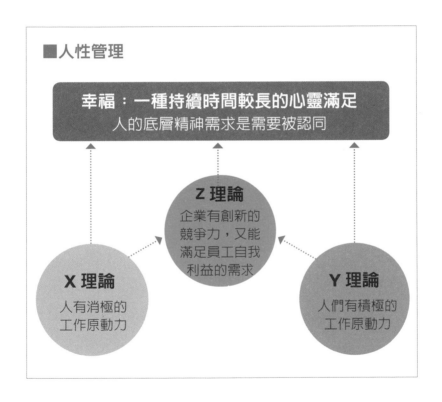

■人性管理

幸福：一種持續時間較長的心靈滿足
人的底層精神需求是需要被認同

Z 理論
企業有創新的
競爭力，又能
滿足員工自我
利益的需求

X 理論
人有消極的
工作原動力

Y 理論
人們有積極的
工作原動力

Rose 是一家製造機具中小企業公司的業務副總，一直忙於外銷市場的拓展，最近公司開一級主管會議，總經理 Roger 跟大家宣布公司要嘗試申請參加國家品質獎的選拔。Roger 指派行銷暨公關副總 Emily 作為這個臨時專案的負責人，要求 Emily 了解參選國家品質獎需準備哪些申請書與文件，隨後將申請書內容依照部門範疇，分配給各部門主管填寫申請要點，研發副總負責填寫「研發與創新」，業務副總負責填寫「顧客與市場開發」……於是，每個部門的主管就臨時被指派了一項作文作業，繳交期限是一週後……

面對突然被指派功課，Rose 心中有很大的疑問：這麼短時間內拼湊出來的申請書，真能被遴選上嗎？有些部門主管天生懶惰，對於這種突然多出來的工作，一定是敷衍交差。Emily 天生性格溫和，不習慣要求別人，擔任此案負責人充其量就是整合大家的作文功課，無法給予更好的執行建議，如此一來這種急就章的申請書，鐵定產出不了好品質……這不是在浪費大家的時間嗎？

Rose 決定儘速跟總經理 Roger 討論這個她看到的狀況，一起找出更有效率與效益的方式……

組織裡什麼樣的員工都有，我們可以說這裡的 Rose 屬於上述 Y 理論類型的人，當 Roger 收到 Rose 的回饋時，身為總經理必須找出一個能符合企業競爭力又能顧及員工個人利益的作法。依據我們之前提到的「群體動力」理論，從個人的角度來看，我們可以知道沒有一個人永遠是屬於哪一類型的人，個人會因為自己所屬的群體互動後產生的結果，調整自己的認知態度與行為，而這個調整的過程，其實就是個人透過群體在找尋自我認同。

而我們相信，自我認同越高的人，內心有越強大的幸福感，而這份幸福感將可帶領個人、團隊甚至企業進入正向循環。企業社會本就是自私與無私的融合，Rose 不想浪費時間做品質差的文件，也覺得需要讓老闆知道並共同找出更好的解決之道。若總經理 Roger 能給予及時的回饋與調整，將能給 Rose 帶來更高自我認同與自我價值的肯定，也有助於讓公司國家品質獎的文件提升質量。

認同可獲得內心滿足，而幸福就是一種持續的內心滿足

最後，我們來看看這則故事：

小學四年級的小尼今年剛參加學校的國樂社團，初期加入社團時自己決定選了琵琶這個樂器，對於沒有音樂基礎的小尼學習琵琶有些挑戰，經過一學期小尼對琵琶開始有基本的熟悉。

　　到期末時，學校國樂社團的總指導老師王老師建議小尼可以換彈柳琴（人稱小琵琶），一方面是因柳琴相較於琵琶比較容易上手學習，有助於小尼儘早能參與團練；另一方面，學校的國樂團目前因為原本彈奏柳琴的學生們已經畢業了，現況是沒有人彈奏柳琴。

　　王老師給小尼建議說明後，讓小尼回家跟爸媽討論是否要更換樂器學習。小尼回家與爸媽討論的過程中發現，若自己換樂器，會對原本的琵琶老師感到非常不好意思，至於自己對柳琴也沒有特別喜歡或討厭，只是覺得若學習柳琴可以盡快參加團練，小尼是有意願更換樂器。

　　換與不換困擾小尼好久，小尼希望爸媽給她答案，爸媽最後跟小尼說按照自己的內心來決定……

　　這個事件，爸媽引導小尼看到事件背後的意涵：小尼希望自己在國樂團中被認同與肯定，因為被樂團認同後，自己

會更認同自己是樂團的一份子，除此之外也希望跟原本的琵琶老師維持良好關係。

認同肯定可以獲得內心滿足，而幸福就是一種持續時間較長的心靈滿足，哈佛商學院的研究也發現：良好關係的維持是幸福人生的關鍵，這個關係包含同事、家人、師生、朋友……等。小尼年紀尚小，無法精確表達自己內心希望被認同以及與維持良好人關係，但這故事讓我們知道，無論是大人小孩其實都需要被認同，也渴望與人維持良好關係！

中華文化談人性本善也談人性本惡，善與惡都是人性，然而善惡僅是立場不同產生的觀點，如同獅子吃兔子、兔子吃蘿蔔，這是自然法則。如果你是管理者，要學習看清每個員工的人性，員工善與惡的呈現都是有內在原因的自然現象，善與惡的呈現對不同員工有不同的解釋意涵，管理者應針對內心原因給予適當的管理之道，讓員工產生認同感與價值感，這就是人性管理，人性管理就是順應自然法則，是最美的管理藝術。

最後，如果現在的你僅是一般職場工作者，我們希望你要試著看懂同事主管的人性，如此你可獲得更多的認同，且

維持好你的人際關係。此外，更重要的是，你要知曉自己內心本性的真正需求，當自己的內心清明，明白自己內心真正的需求時，你便能走出一條屬於自己的人生幸福之道！

[**重點思考**]

1. 說說你心中認為最好的人性管理是什麼？

2. 在本章的第二則故事中，如果你是總經理 Roger，
   當你收到 Rose 的回饋後，你會怎麼處理？如果你是
   Emily，當大家都不想寫這份計畫書的時候，你又會
   怎麼做？

[**重點回顧**]

1. **人性**：人的本性（Human nature），指人類物種的
   共同屬性，也就是自然屬性，社會屬性與精神屬性的
   綜合一體。

2. **大陸分離原則（continental divide）**：不同性質的
   個人會分開；好的管理制度只會吸引並留住好的人才；
   壞的管理制度會吸引不良的人才。

3. **X 理論**：認為人有消極的工作原動力，假設員工生性
   懶惰，如果管理者沒有嚴格監督、透過具體獎勵和懲
   罰驅動他們，員工就不會認真工作。

4. **Y 理論**：認為人們有積極的工作原動力，主張人們天
   性好奇，會主動運用自我控制能力與創造力來解決問
   題，如果管理者給予適當環境，這類員工就會像經營
   興趣嗜好那樣投入工作，進而盡情發揮才能，渴望承
   擔更大責任。

結論

　　本書我們從「一個人 —— 個人自我認知」開始論述，我們希望你看完第一篇後明白幾個簡單的道理：天下沒有完美的決策，人的注意力是有限的，人只能在有限理性狀態下給予最滿意的決策。此外，每個人都是獨立的個體，你認知到的重點與他人可能完全不同，不要認爲別人的成功經驗套用在你身上就一定適用，若一味用自己的認知思維框架外面的世界，你將掉入許多決策陷阱中。讀完第一篇，希望我們都能尊重每個個體。

　　本書第二篇，我們從「一群人 —— 個人向外溝通」觀點來論述，我們希望你看完這篇後明白幾個簡單的道理：故事本身是很好的說服工具，當你要講故事時，要先了解你的聽眾，因爲不同聽眾適合不同的故事內容。隨著科技進步個人向外溝通的工具多元又新穎，新媒體的產生讓知識鴻溝更加明顯，知識永遠學不完，但你還是需要持續謙卑學習。讀完這一篇，希望我們都能保持開放與持續學習。

　　本書第三篇，我們從「一個組織 —— 群體社會互動」觀點來論述，我們希望你看完這篇後明白以下道理：每個人的

日常生活都是在不同形式群體中與不同人互動，形成各自不同的社會資本。看懂自己擁有社會資本，以及自己所在社會資本的位置，便可善用它。然而群體之間的互動是利己與利他的融合，在變動環境下，敏捷精神的體現在於群體動態合作，而這份合作紅利的產生往往來自利他行為，人性管理就是最根本的企業經營之道。讀完這一篇，由衷希望我們都有利他心與利他行。

　　這本書我們一共整理了三篇共 18 章理論單元，每章內容都可獨立閱讀，理論都是過去學者長期觀察匯總下來的通則理路，但請記得每個人的人生之路都無法複製，言下之意本書談的所有道理套用在自己身上未必真能完全適用，但我們希望本書的內容仍能幫助你在思索問題時有所啟發，這便是本書的最簡初衷。

VW00050

認知紅利：一個人，一群人，一個組織

作　者	盧希鵬、鄒仁淳
主　編	林潔欣
企劃主任	王綾翊
封面設計	比比思設計工作室
內頁設計	徐思文
總編輯	梁芳春
董事長	趙政岷
出版者	時報文化出版企業股份有限公司
	108019　臺北市和平西路 3 段 240 號 3 樓
	發行專線－（02）2306-6842
	讀者服務專線－ 0800-231-705・(02)2304-7103
	讀者服務傳真－ (02)2304-6858
	郵撥－ 19344724　時報文化出版公司
	信箱－ 10899 臺北華江橋郵局第 99 信箱
時報悅讀網	http://www.readingtimes.com.tw
法律顧問	理律法律事務所 陳長文律師、李念祖律師
印　刷	勁達印刷股份有限公司
一版一刷	2023 年 9 月 22 日
定　價	新臺幣 420 元
	（缺頁或破損的書，請寄回更換）

時報文化出版公司成立於一九七五年，並於一九九九年股票上櫃公開發行，於二○○八年脫離中時集團非屬旺中，以「尊重智慧與創意的文化事業」為信念。

ISBN 978-626-374-239-0
Printed in Taiwan

認知紅利：一個人，一群人，一個組織/盧希鵬, 鄒仁淳著. -- 一版. -- 臺北市：時報文化出版企業股份有限公司, 2023.09
ISBN 978-626-374-239-0(平裝)
1.CST: 管理科學 2.CST: 管理理論
494.1　　112013106